新・数理/工学
ライブラリ [理工基礎数学]＝3

# ステップ＆チェック
# 微分方程式

## 畑上　到 著

数理工学社

サイエンス社・数理工学社のホームページのご案内
https://www.saiensu.co.jp
ご意見・ご要望は　suuri@saiensu.co.jp　まで.

# まえがき

　本書は，理工系の学部学生向けの常微分方程式の入門的な教科書（自習書）である．常微分方程式の講義は，大学1年次の「微分積分学」，「線形代数学」の履修後にそれらをもとにした専門科目の基礎としてカリキュラムに組み込まれている場合が多い．それは，物理や工学の分野で種々の現象を記述する方程式が微分方程式であるので，専門科目を学ぶための基礎として重要であるということであろう．本書の中でも触れたが，高校までの物理では，微分方程式に触れないまま公式で表現して現象を理解することになる．それは重要なことであるが，さらに微分方程式を導入して数学的な解釈も含めてより深く現象を理解することによって，専門科目の履修がスムーズになることが期待される．

　さて，常微分方程式を学ぶ内容の内，かなりの部分を占めるのは求積法と線形微分方程式である．これらは長年にわたり知見が蓄積され，精密に体系化された数学的基礎理論の集大成であるが，ただその一方で，自然現象や社会現象として現れるものはそのほとんどが非線形であることも事実である．したがって計算機を利用した直接シミュレーションによって解析することを優先する考え方もあるかも知れない．しかしながら，例えば複雑なカオス現象につながる力学系理論での安定性解析等が有効であるように，現象の本質を深く理解する上では，線形微分方程式を学ぶことは重要である．また最近では現象を支配している要因を明らかにするために，微分方程式による数学モデルをたてて解析するアプローチが1つのツールになりつつあるが，解の本質を評価しモデルをより有効なものとする上でも，微分方程式の基礎的な考え方を学ぶことが有効である．

　以上のような微分方程式の基礎を学ぶ目的のもとで，本書の構成は，やはりまずは求積法と線形微分方程式の基礎理論が中心となっている．特に，第3章の1階微分方程式と第4章の2階定数係数線形微分方程式は，大部分の大学の理工系学部・学科で履修するべき共通の内容である．本書は主に1年次後期以

降の学生を対象に書かれており，大学初年度までで共通して習得しているであ
ろう基礎知識をもとにして書いたつもりである．ただ基礎知識が足りない場合
のために，第1章に（自習の場合の補助の意味も含めて）微分積分学と線形代
数学の必要な項目について簡単にまとめておいた．それをもとに第4章まで学
んだ後で，応用的な内容も含む第5章，第6章を，それぞれの学科（分野）の
要望にあわせて選択していただければよい．なおラプラス変換を用いた解法や
偏微分方程式の初歩的な内容に関しては，フーリエ解析・ラプラス変換の基礎
知識が必要であると判断し，（全体のボリュームも考慮して）本書には含めてい
ない．もし必要な場合には，拙著（新・工科系の数学）「工学基礎 フーリエ解
析とその応用［新訂版］」（数理工学社）を参考にしていただきたい．

　微分方程式について効果的に学習していただくために，本書では以下のよう
な工夫をしている．筆者がこれまで大学1〜3年生を対象に講義を担当してき
た経験から，微分方程式を学んでいる学生の中には，問題のパターンとその公
式を丸暗記して問題を解くことに専念する学生が少なからずいることに気がつ
いた．確かに問題を解くことは重要なことだが，闇雲に公式を覚えても理解が
深まるとは必ずしもいえない．また微分方程式のパターンを認識することは大
切ではあるが，そのパターンがもつ特徴に着目し，そこから公式に到る考え方
の流れを理解することが最も重要である．このようにして習得した洞察力と論
理展開能力が，将来にまで使える普遍的な能力となると私は思っている．

　そこで本書では，各単元で「ステップ1：キーポイント」として，まずどの
点に着目しなければいけないかを一目で認識できるようにした．それを方針に
従って読み進めていき，最終的に「公式」としてまとめたものをまた一目で認
識できるようにした．式の変形や計算の過程については無理な労力をかけない
で効果を上げられるように工夫したので，「キーポイント」から「公式」に到る
流れをまず理解していただきたい．その後，その流れを反芻するように「例題」
と「チェック問題」を解けば，無理なく考察の流れが身につき，解答も難なく
書けるようになると思う．さらに復習する際に，強調した項目の部分に沿って
流れを追うことにより考え方を再確認できるので，それができれば別の問題に
対してもスムーズに解答できる力がついていると期待できる．なお問題量を増
やす上で，各章に章末問題をつけてあるが，ページ数の制限もあって，紙面上
の解答は省略している．詳細な解答については，数理工学社のご厚意でホーム

ページ（https://www.saiensu.co.jp）に公開させていただいているので参照されたい.

　本書が読者にとって理解しやすい本であることを望んでいるが，そうでない場合には是非巻末の参考文献を参考に自分に合った参考書を選んでいただきたいと思う. なお，本書の内容に対して忌憚ないご意見，ご批判をよせていただければ幸いである.

　本書の出版にあたって，数理工学社編集部の田島伸彦氏と鈴木綾子氏，西川遣治氏には，筆者の遅筆のために大変なご迷惑をおかけしてしまった. ここに心よりお詫び申し上げ，お三方の忍耐強い励ましに心より感謝申し上げる.

2021 年 6 月

畑上到

# 目　　次

# 第 1 章

# 準　　備

本章では，微分方程式を解く上で必要となる不定積分について復習する．第 3 章からの具体的な解法を学ぶ上で，積分の計算が重要になってくる．頻繁に出てくる，三角関数，指数関数，対数関数および無理関数などが入った被積分関数の不定積分について，高校数学や微分積分学で学習した積分計算をきちんと理解して自由に使いこなせることが肝要である．以下，よく使うものを列挙するが，置換積分や部分積分の計算についても復習し，解法を学ぶ際に必要に応じてこの章を参照して欲しい．なお積分定数は省略する．また，線形微分方程式や連立微分方程式を学ぶ上で基礎となる線形代数学の基本的な内容についても復習する．比較的簡単な 2 次元の場合について，具体的な問題を解いて準備しておくことが望ましい．

[1 章の内容]

不定積分の基本的な公式

初等関数を含む三角関数の積分公式

オイラーの公式

線形代数学の基礎知識

# 1.1 不定積分の基本的な公式

微分方程式を解析的に解く上で必要となる積分計算のうち，頻繁に使う不定積分の公式をまとめておく．$a, b, p$ は実定数とする．

---**不定積分の基本的な公式**---

(1) $\displaystyle \int (ax+b)^p\,dx = \begin{cases} \dfrac{1}{a(p+1)}(ax+b)^{p+1} & (p \neq -1) \\[2mm] \dfrac{1}{a}\log|ax+b| & (p = -1) \end{cases} \quad (a \neq 0)$

(2) $\displaystyle \int e^{ax}\,dx = \frac{1}{a}e^{ax} \quad (a \neq 0)$

(3) $\displaystyle \int a^x\,dx = \frac{1}{\log a}a^x \quad (a > 0,\ a \neq 1)$

(4) $\displaystyle \int \sin ax\,dx = -\frac{1}{a}\cos ax \quad (a \neq 0)$

(5) $\displaystyle \int \cos ax\,dx = \frac{1}{a}\sin ax \quad (a \neq 0)$

(6) $\displaystyle \int \tan ax\,dx = -\frac{1}{a}\log|\cos ax| \quad (a \neq 0)$

(7) $\displaystyle \int \frac{1}{\cos^2 ax}\,dx = \frac{1}{a}\tan ax \quad (a \neq 0)$

(8) $\displaystyle \int \frac{1}{a^2+x^2}\,dx = \frac{1}{a}\tan^{-1}\frac{x}{a} \quad (a \neq 0)$

(9) $\displaystyle \int \frac{1}{\sqrt{a^2-x^2}}\,dx = \sin^{-1}\frac{x}{|a|} \quad (a \neq 0)$

(10) $\displaystyle \int \frac{1}{\sqrt{x^2+a}}\,dx = \log\left|x+\sqrt{x^2+a}\right| \quad (a \neq 0)$

---

✅ **チェック問題 1.1** 上記の各不定積分公式について，右辺を微分することにより成立することを確認せよ．

## 1.2 初等関数を含む三角関数の積分公式

力学や電気回路等の物理現象を記述する1階および2階の微分方程式を解く場合には，有理整関数や指数関数を含む場合の三角関数の積分が非常に頻繁に現れるので十分に計算できるようにする必要がある．$n$ を正の整数，$a$ を0でない実定数とし，

$$I_n = \int x^n \sin ax \, dx, \quad J_n = \int x^n \cos ax \, dx$$

と定義する．（前節の公式の (4) と (5) から，$I_0 = -\dfrac{1}{a}\cos ax$ および $J_0 = \dfrac{1}{a}\sin ax$ である．）部分積分を利用することにより，

$$
\begin{aligned}
I_n &= \int x^n \sin ax \, dx = \int x^n \left(-\frac{1}{a}\cos ax\right)' dx \\
&= x^n \left(-\frac{1}{a}\cos ax\right) - \int nx^{n-1}\left(-\frac{1}{a}\cos ax\right) dx \\
&= -\frac{1}{a}x^n \cos ax + \frac{n}{a}J_{n-1},
\end{aligned}
\tag{1.1}
$$

$$
\begin{aligned}
J_n &= \int x^n \cos ax \, dx = \int x^n \left(\frac{1}{a}\sin ax\right)' dx \\
&= x^n \left(\frac{1}{a}\sin ax\right) - \int nx^{n-1}\left(\frac{1}{a}\sin ax\right) dx \\
&= \frac{1}{a}x^n \sin ax - \frac{n}{a}I_{n-1}
\end{aligned}
\tag{1.2}
$$

のように，被積分関数の正弦関数と余弦関数が入れ替わるが，$x^n$ の次数が1ずつ減少するので，もし $n$ が正の整数ならば，これを繰り返していくことにより，最終的に不定積分が求まる．

---

**──例題 1.1──**

$J_2 = \displaystyle\int x^2 \cos x \, dx$ を求めよ．

解答

$$J_2 = x^2 \sin x - 2I_1 = x^2 \sin x - 2(-x\cos x + J_0)$$
$$= x^2 \sin x + 2x\cos x - 2\sin x \qquad (1.3) \ \square$$

✅ **チェック問題 1.2** $\displaystyle\int_{-\pi}^{\pi} x^2 \sin x \, dx$ を求めよ.

次に指数関数を含む場合であるが, やはり部分積分を利用することにより以下のように得られる. $a$, $b$ を 0 でない実定数, $A = \displaystyle\int e^{ax}\sin bx\, dx$, $B = \displaystyle\int e^{ax}\cos bx\, dx$ と定義する.

$$A = \int e^{ax}\sin bx\, dx = \int e^{ax}\left(-\frac{1}{b}\cos bx\right)' dx$$
$$= -\frac{1}{b}e^{ax}\cos bx - \int ae^{ax}\left(-\frac{1}{b}\cos bx\right) dx$$
$$= -\frac{1}{b}e^{ax}\cos bx + \frac{a}{b}B, \qquad (1.4)$$
$$B = \int e^{ax}\cos bx\, dx = \int e^{ax}\left(\frac{1}{b}\sin bx\right)' dx$$
$$= \frac{1}{b}e^{ax}\sin bx - \int ae^{ax}\left(\frac{1}{b}\sin bx\right) dx$$
$$= \frac{1}{b}e^{ax}\sin bx - \frac{a}{b}A \qquad (1.5)$$

ここで, (1.4) 式と (1.5) 式は未知数 $A$ および $B$ の連立 1 次方程式であるので, これを解くと,

指数関数と三角関数の積の積分公式 (1)

$$\begin{cases} A = \displaystyle\int e^{ax}\sin bx\, dx = \dfrac{1}{a^2+b^2}e^{ax}(a\sin bx - b\cos bx) \\ B = \displaystyle\int e^{ax}\cos bx\, dx = \dfrac{1}{a^2+b^2}e^{ax}(b\sin bx + a\cos bx) \end{cases} \qquad (1.6)$$

を得る.

---**例題 1.2**---

$\displaystyle\int xe^x \sin x \, dx$ および $\displaystyle\int xe^x \cos x \, dx$ を求めよ.

---

解答

$$K = \int xe^x \sin x \, dx, \quad L = \int xe^x \cos x \, dx$$

とおく. また (1.6) 式より,

$$\int e^x \sin x \, dx = \frac{1}{2}e^x(\sin x - \cos x),$$

$$\int e^x \cos x \, dx = \frac{1}{2}e^x(\sin x + \cos x)$$

であることに注意する. 部分積分により,

$$K = \int xe^x \sin x \, dx = \int xe^x(-\cos x)' \, dx$$

$$= -xe^x \cos x + \int (1+x)e^x \cos x \, dx$$

$$= -xe^x \cos x + \frac{1}{2}e^x(\sin x + \cos x) + L, \tag{1.7}$$

$$L = \int xe^x \cos x \, dx = \int xe^x(\sin x)' \, dx$$

$$= xe^x \sin x - \int (1+x)e^x \sin x \, dx$$

$$= xe^x \sin x - \frac{1}{2}e^x(\sin x - \cos x) - K \tag{1.8}$$

ここで, 上の 2 式の $K$ と $L$ についての連立 1 次方程式を解いて,

$$\begin{cases} K = \dfrac{1}{2}e^x(x\sin x - x\cos x + \cos x), \\[2mm] L = \dfrac{1}{2}e^x(x\sin x + x\cos x - \sin x) \end{cases} \tag{1.9}$$

を得る. ◻

## 1.3 オイラーの公式

力学や電気回路等の物理現象を記述する 2 階の微分方程式の解において，時間的に振動するような解は複素関数として与えられる場合がある．それを実関数として表現することによって，直感的に把握しやすくなるが，その変形の基礎となるのが**オイラーの公式**

---**オイラーの公式**---
$$e^{ix} = \cos x + i \sin x \quad (\text{ただし } i \text{ は虚数単位 } \sqrt{-1}) \tag{1.10}$$

である[1]．本書では，複素関数の難しい議論は省略するが，オイラーの公式から導かれる基本的な事項だけは復習しておくことが望ましい．

オイラーの公式から，$\omega$ を実定数として，

$$e^{i\omega x} = \cos \omega x + i \sin \omega x, \tag{1.11}$$

$$
\begin{aligned}
e^{-i\omega x} &= e^{i(-\omega x)} \\
&= \cos(-\omega x) + i \sin(-\omega x) \\
&= \cos \omega x - i \sin \omega x
\end{aligned}
\tag{1.12}
$$

となる．これら (1.11) 式と (1.12) 式から，三角関数と指数関数の関係式

---**三角関数と指数関数の関係式**---
$$\cos \omega x = \frac{e^{i\omega x} + e^{-i\omega x}}{2}, \quad \sin \omega x = \frac{e^{i\omega x} - e^{-i\omega x}}{2i} \tag{1.13}$$

が与えられる．さらに実定数 $\mu$ と $\nu$ について，

$$
\begin{aligned}
e^{(\mu \pm i\nu)x} &= e^{\mu x} e^{\pm i\nu x} \\
&= e^{\mu x}(\cos \nu x \pm i \sin \nu x) \quad (\text{複号同順})
\end{aligned}
\tag{1.14}
$$

であることも注意しよう．

次に，複素数値関数

$$f(x) = g(x) \pm ih(x)$$

---

[1] 左辺について，指数関数のマクローリン展開を考え，実部と虚部に分けてみれば，右辺が三角関数のマクローリン展開で与えられることがわかる．

の微分について考える. ここで, $g(x)$ と $h(x)$ は実関数であり, 微分可能であるとする. このとき, $f(x)$ の導関数を

$$f'(x) = g'(x) \pm ih'(x) \tag{1.15}$$

と定義する[2]. (1.14) 式の両辺を微分すると,

$$
\begin{aligned}
\left(e^{(\mu \pm i\nu)x}\right)' \\
&= (e^{\mu x}\cos\nu x)' \pm i(e^{\mu x}\sin\nu x)' \\
&= (\mu e^{\mu x}\cos\nu x - \nu e^{\mu x}\sin\nu x) \pm i(\mu e^{\mu x}\sin\nu x + \nu e^{\mu x}\cos\nu x) \\
&= (\mu \pm i\nu)e^{\mu x}(\cos\nu x \pm i\sin\nu x) \\
&= (\mu \pm i\nu)e^{(\mu \pm i\nu)x} \quad (\text{複号同順})
\end{aligned}
\tag{1.16}
$$

が得られる. すなわち複素数の定数 $\lambda$ に対しても,

$$(e^{\lambda x})' = \lambda e^{\lambda x} \tag{1.17}$$

が成り立つことを注意しよう[3].

---

[2] 虚数単位 $i$ を定数として扱えばよい.

[3] 複素数値関数についての積分についても, 微分の場合と同様に虚数単位 $i$ を定数として扱えばよい.

# 1.4　線形代数学の基礎知識

　線形の微分方程式の解の構造を理解する上では，1次結合，1次独立，1次従属といった線形代数の基礎知識が必要になる．線形代数学では，主に数ベクトルや行列を学ぶが，本書で取り扱う線形微分方程式の解法を習得する上で，連立1次方程式についての考え方が参考になる．本節では，実数を成分とする数ベクトルの例を用いて，ベクトルと行列の基本項目を確認しておく．

(I)　1次独立と1次従属

　2つの **0** でない数ベクトル $\boldsymbol{a}_1 = \begin{pmatrix} p \\ q \end{pmatrix}$, $\boldsymbol{a}_2 = \begin{pmatrix} r \\ s \end{pmatrix}$ を取り上げる．ここで，$p \neq 0$ とする[4]．実数 $c_1$, $c_2$ からできるベクトル $c_1 \boldsymbol{a}_1 + c_2 \boldsymbol{a}_2$ を $\boldsymbol{a}_1$, $\boldsymbol{a}_2$ の**1次結合**（**線形結合**）という．この1次結合のベクトルが **0** となるとき，すなわち

$$c_1 \boldsymbol{a}_1 + c_2 \boldsymbol{a}_2 = \boldsymbol{0} \tag{1.18}$$

となるとき，**1次関係**（式）といい，この1次関係が成立するときの実数 $c_1$, $c_2$ を求める．1次関係においてすぐに見つかる $c_1$ と $c_2$ の組は，$c_1 = c_2 = 0$ の場合である．これは $\boldsymbol{a}_1$, $\boldsymbol{a}_2$ がどんなベクトルであっても1次関係を満足し，**自明な1次関係**という．これに対して，自明でない1次関係，すなわち $c_1 = c_2 = 0$ 以外の $c_1$, $c_2$ の組はいつでも存在するとは限らない．$\boldsymbol{a}_1$ と $\boldsymbol{a}_2$ の間に自明でない1次関係が存在するとき，$\boldsymbol{a}_1$ と $\boldsymbol{a}_2$ は**1次従属**であるといい，自明でない1次関係が存在しないとき，$\boldsymbol{a}_1$ と $\boldsymbol{a}_2$ は**1次独立**であるという[5]．

(II)　同次連立1次方程式の解

　(1.18) 式を成分表示で書くと，

$$c_1 \begin{pmatrix} p \\ q \end{pmatrix} + c_2 \begin{pmatrix} r \\ s \end{pmatrix} = \begin{pmatrix} c_1 p + c_2 r \\ c_1 q + c_2 s \end{pmatrix}$$

$$= \begin{pmatrix} p & r \\ q & s \end{pmatrix} \begin{pmatrix} c_1 \\ c_2 \end{pmatrix} = \begin{pmatrix} 0 \\ 0 \end{pmatrix} \tag{1.19}$$

---

[4] $p = 0$ の場合でも，以下の議論を $p$ のかわりに $q$ $(\neq 0)$ を用いて表現することができる．

[5] 1次従属であるとき，2つのベクトルは平行であることは明らかである．これを共線ベクトルという．

となるので，これは係数行列を $A = (\,\boldsymbol{a}_1 \ \ \boldsymbol{a}_2\,) = \begin{pmatrix} p & r \\ q & s \end{pmatrix}$，解ベクトルを

$\boldsymbol{x} = \begin{pmatrix} c_1 \\ c_2 \end{pmatrix}$ とする同次連立 1 次方程式

$$A\boldsymbol{x} = \boldsymbol{0} \tag{1.20}$$

である[6]．係数行列 $A$ が正則行列であるとき[7]，(1.20) 式の両辺に左から $A$ の逆行列 $A^{-1}$ をかければ，$\boldsymbol{x} = \boldsymbol{0}$ が得られるので，このとき 2 つのベクトル $\boldsymbol{a}_1,\ \boldsymbol{a}_2$ は 1 次独立であることがわかる．逆に行列 $A$ が正則でなければ，$\boldsymbol{0}$ でない解ベクトル $\boldsymbol{x}$ が存在することになり，$\boldsymbol{a}_1,\ \boldsymbol{a}_2$ は 1 次従属であり，$\boldsymbol{a}_2$ は $\boldsymbol{a}_1$ の実数倍となる．

　行列 $A$ が正則でないとき，$A$ の行列式は 0 になるので，

$$|A| = \begin{vmatrix} p & r \\ q & s \end{vmatrix} = ps - qr = 0 \tag{1.21}$$

であり，この同次連立 1 次方程式の解はベクトル $\boldsymbol{x}_1 = \begin{pmatrix} r \\ -p \end{pmatrix}$ の任意定数 $(k)$ 倍 $\boldsymbol{x} = k\boldsymbol{x}_1$ で与えられ，解空間を生成する．

　一般に，$n$ 次正方行列を係数行列 $A$ とする場合に，(1.20) 式の同次連立 1 次方程式の 1 次独立な解を**基本解**という．これを

$$\boldsymbol{x}_1, \boldsymbol{x}_2, \ldots, \boldsymbol{x}_M \quad (M = n - \mathrm{rank}\, A)$$

とするとき，それらの 1 次結合で与えられるベクトルも解であることは，

$$\begin{aligned} A(\alpha_1\boldsymbol{x}_1 &+ \alpha_2\boldsymbol{x}_2 + \cdots + \alpha_M\boldsymbol{x}_M) \\ &= \alpha_1 A\boldsymbol{x}_1 + \alpha_2 A\boldsymbol{x}_2 + \cdots + \alpha_M A\boldsymbol{x}_M \\ &= \alpha_1\boldsymbol{0} + \alpha_2\boldsymbol{0} + \cdots + \alpha_M\boldsymbol{0} \\ &= \boldsymbol{0} \end{aligned} \tag{1.22}$$

であることからわかる．すなわち，同次連立 1 次方程式の解空間は基本解によって生成される．この任意定数 $\alpha_1, \alpha_2, \ldots, \alpha_M$ を含んだ解

$$\boldsymbol{X} = \alpha_1\boldsymbol{x}_1 + \alpha_2\boldsymbol{x}_2 + \cdots + \alpha_M\boldsymbol{x}_M$$

を**一般解**という．

---

[6] 斉次連立 1 次方程式ともいう．本書では，同次連立 1 次方程式に統一する．

[7] 行列 $A$ の行列式が $|A| \neq 0$ である．$|A|$ については，(1.21) 式を参照のこと．

┌─**例題 1.3**─────────

$\boldsymbol{a}_1 = \begin{pmatrix} 2 \\ -3 \end{pmatrix}$, $\boldsymbol{a}_2 = \begin{pmatrix} -4 \\ 6 \end{pmatrix}$ は 1 次独立か 1 次従属かどうかを同次連立

1 次方程式を解くことにより求めよ. もし 1 次従属ならば, $\boldsymbol{a}_2$ を $\boldsymbol{a}_1$ で

表せ.

└─────────────────────

**解答** $A = (\,\boldsymbol{a}_1 \quad \boldsymbol{a}_2\,) = \begin{pmatrix} 2 & -4 \\ -3 & 6 \end{pmatrix}$ とおき, $A\boldsymbol{x} = \boldsymbol{0}$ を掃き出し法で解く.

$$\begin{pmatrix} 2 & -4 \\ -3 & 6 \end{pmatrix} \to \begin{pmatrix} 1 & -2 \\ -3 & 6 \end{pmatrix} \to \begin{pmatrix} 1 & -2 \\ 0 & 0 \end{pmatrix}$$

より, $\boldsymbol{x} = \begin{pmatrix} c_1 \\ c_2 \end{pmatrix}$ とすると, $c_1 - 2c_2 = 0$ が得られる. 従って, 非自明な 1 次

関係が存在し, $c_1 = 2c_2$ より, $c_2 = k$ とすると, $\boldsymbol{x} = k\begin{pmatrix} 2 \\ 1 \end{pmatrix}$ ($k$ は任意定数)

が得られる[8]. よって, $\boldsymbol{a}_1, \boldsymbol{a}_2$ は 1 次従属であり, $\boldsymbol{a}_2 = -2\boldsymbol{a}_1$ である.   □

┌─**例題 1.4**─────────

同次連立 1 次方程式 $\begin{pmatrix} 1 & 2 & 1 \\ 1 & 3 & 3 \\ 2 & 1 & -4 \end{pmatrix} \begin{pmatrix} x \\ y \\ z \end{pmatrix} = \begin{pmatrix} 0 \\ 0 \\ 0 \end{pmatrix}$ を解け.

└─────────────────────

**解答** 係数行列を基本変形する.

$$\begin{pmatrix} 1 & 2 & 1 \\ 1 & 3 & 3 \\ 2 & 1 & -4 \end{pmatrix} \to \begin{pmatrix} 1 & 2 & 1 \\ 0 & 1 & 2 \\ 0 & -3 & -6 \end{pmatrix} \to \begin{pmatrix} 1 & 0 & -3 \\ 0 & 1 & 2 \\ 0 & 0 & 0 \end{pmatrix}$$

より, $\begin{cases} x - 3z = 0 \\ y + 2z = 0 \end{cases}$ が得られる.

───────────────

[8] 基本解として, $\begin{pmatrix} -4 \\ -2 \end{pmatrix}$ や $\begin{pmatrix} 6 \\ 3 \end{pmatrix}$ などを選んでももちろんよい.

$z = c$ とおくと, $\begin{cases} x = 3z \\ y = -2z \end{cases}$ だから,

$$\begin{pmatrix} x \\ y \\ z \end{pmatrix} = \begin{pmatrix} 3c \\ -2c \\ c \end{pmatrix} = c \begin{pmatrix} 3 \\ -2 \\ 1 \end{pmatrix} \quad (c \text{ は任意定数}) \qquad \square$$

✅ **チェック問題 1.3** 同次連立 1 次方程式

$$\begin{pmatrix} 1 & -3 & 1 \\ 2 & -6 & 2 \\ -3 & 9 & -3 \end{pmatrix} \begin{pmatrix} x \\ y \\ z \end{pmatrix} = \begin{pmatrix} 0 \\ 0 \\ 0 \end{pmatrix}$$

を解け.

**(III) 非同次連立 1 次方程式の解とクラーメルの公式**

係数行列 $A$ が 2 次正方行列である連立 1 次方程式

$$\begin{pmatrix} p & r \\ q & s \end{pmatrix} \begin{pmatrix} c_1 \\ c_2 \end{pmatrix} = \begin{pmatrix} b_1 \\ b_2 \end{pmatrix} \tag{1.23}$$

を考える. ここでも, $p \neq 0$ とする. (1.23) 式の $\boldsymbol{b} = \begin{pmatrix} b_1 \\ b_2 \end{pmatrix}$ を**定数項ベクト**ルとよび,

$$A\boldsymbol{x} = \boldsymbol{b} \tag{1.24}$$

を**非同次連立 1 次方程式**という. 行列 $A$ が正則であれば, $A$ の逆行列 $A^{-1}$ を両辺の左からかけることによって, 解ベクトルは $\boldsymbol{x} = A^{-1}\boldsymbol{b}$ と唯一つ存在する. このとき, 解は

$$\begin{cases} c_1 = \dfrac{\det(\boldsymbol{b} \ \boldsymbol{a_2})}{|A|} \\[2mm] c_2 = \dfrac{\det(\boldsymbol{a_1} \ \boldsymbol{b})}{|A|} \end{cases} \tag{1.25}$$

で与えられる. これを**クラーメルの公式**という.

次に行列 $A$ が正則でないとき ($ps - qr = 0$) を考える. $pb_2 - qb_1 \neq 0$ のときには, 解が存在しない[9]. $pb_2 - qb_1 = 0$ のとき, 解ベクトルは,

---

[9] これは拡大係数行列 $(A \,|\, \boldsymbol{b})$ と係数行列 $A$ の階数が異なるためであることに注意しよう.

$$\boldsymbol{x} = k \begin{pmatrix} r \\ -p \end{pmatrix} + \begin{pmatrix} \frac{b_1}{p} \\ 0 \end{pmatrix} \quad (k \text{ は任意定数}) \tag{1.26}$$

で与えられる. すなわち, 解ベクトルは, 同次連立 1 次方程式の一般解 $k\boldsymbol{x}_1$ と非同次連立 1 次方程式の 1 つの解 $\boldsymbol{x}_0$ の和で表されることに注意しよう. この $\boldsymbol{x}_0$ として, $\begin{pmatrix} \frac{b_1}{p} \\ 0 \end{pmatrix}$ を選べば, これは (1.26) 式で $k = 0$ を代入した場合であり, このように任意定数に特定の値を代入して得られる解を**特殊解**, もしくは**特解**という[10].

　一般に, $n$ 次正方行列 $A$ を係数行列とする場合に, (1.24) 式の非同次連立 1 次方程式の特殊解を $\boldsymbol{x}_0$ とし, (1.20) 式の同次連立 1 次方程式の一般解 $\boldsymbol{X}$ とするとき, $\boldsymbol{X} + \boldsymbol{x}_0$ は (1.24) 式の解であることは,

$$\begin{aligned} A(\boldsymbol{X} + \boldsymbol{x}_0) &= A(\alpha_1 \boldsymbol{x}_1 + \alpha_2 \boldsymbol{x}_2 + \cdots + \alpha_M \boldsymbol{x}_M + \boldsymbol{x}_0) \\ &= \alpha_1 A\boldsymbol{x}_1 + \alpha_2 A\boldsymbol{x}_2 + \cdots + \alpha_M A\boldsymbol{x}_M + A\boldsymbol{x}_0 \\ &= \alpha_1 \boldsymbol{0} + \alpha_2 \boldsymbol{0} + \cdots + \alpha_M \boldsymbol{0} + \boldsymbol{b} \\ &= \boldsymbol{b} \end{aligned} \tag{1.27}$$

であることからわかる[11].

---

**┌─例題 1.5─**

非同次連立 1 次方程式 $\begin{pmatrix} 1 & 3 & 0 \\ 0 & 2 & 2 \\ 2 & 5 & -1 \end{pmatrix} \begin{pmatrix} x \\ y \\ z \end{pmatrix} = \begin{pmatrix} 1 \\ 6 \\ -1 \end{pmatrix}$ を解け.

---

**解答**　拡大係数行列 $\left( \begin{array}{ccc|c} 1 & 3 & 0 & 1 \\ 0 & 2 & 2 & 6 \\ 2 & 5 & -1 & -1 \end{array} \right)$ を掃き出し法で解く.

$$\left( \begin{array}{ccc|c} 1 & 3 & 0 & 1 \\ 0 & 2 & 2 & 6 \\ 2 & 5 & -1 & -1 \end{array} \right) \rightarrow \left( \begin{array}{ccc|c} 1 & 3 & 0 & 1 \\ 0 & 2 & 2 & 6 \\ 0 & -1 & -1 & -3 \end{array} \right)$$

---

[10] 本書では, 特殊解といういい方に統一する.

[11] 係数行列が $m$ 行 $n$ 列の場合でも同様である.

$$\to \begin{pmatrix} 1 & 3 & 0 & | & 1 \\ 0 & 1 & 1 & | & 3 \\ 0 & -1 & -1 & | & -3 \end{pmatrix} \to \begin{pmatrix} 1 & 0 & -3 & | & -8 \\ 0 & 1 & 1 & | & 3 \\ 0 & 0 & 0 & | & 0 \end{pmatrix}$$

より，$\begin{cases} x - 3z = -8 \\ y + z = 3 \end{cases}$ が得られる．

$z = c$ とおくと，$\begin{cases} x = 3z - 8 \\ y = -z + 3 \end{cases}$ だから，

$$\begin{pmatrix} x \\ y \\ z \end{pmatrix} = \begin{pmatrix} 3c - 8 \\ -c + 3 \\ c \end{pmatrix} = c \begin{pmatrix} 3 \\ -1 \\ 1 \end{pmatrix} + \begin{pmatrix} -8 \\ 3 \\ 0 \end{pmatrix} \quad (c \text{ は任意定数}) \qquad \square$$

(**注意**) $\begin{pmatrix} 3 \\ -1 \\ 1 \end{pmatrix}$ が同次連立 1 次方程式の基本解であり，$\begin{pmatrix} -8 \\ 3 \\ 0 \end{pmatrix}$ が非同次連立 1 次

方程式の特殊解であることに注意しよう．

以上のことから，非同次連立 1 次方程式の一般解が，

（非同次連立 1 次方程式の一般解）

＝（同次連立 1 次方程式の一般解）＋（非同次連立 1 次方程式の特殊解）

$$(1.28)$$

と表せることに注意しておこう．

(IV)　行列の対角化とジョルダンの標準形―2 次正方行列の場合

定数係数の 1 階連立線形微分方程式を解く上で，**行列の対角化**を利用することが効果的である．ここでは，その準備として，**固有値，固有ベクトル**と行列の対角化，さらにジョルダンの標準形について 2 次行列の場合に限定して説明する．3 次以上の場合においても，対角化可能の場合には同様の手順で対角化することができるが，ジョルダンの標準形の求め方については少々複雑である．これについては，線形代数学の多くの教科書で説明されているので，それらを参照されたい．なお，以下の説明の中で，単位行列 $E = \begin{pmatrix} 1 & 0 \\ 0 & 1 \end{pmatrix}$ とする．

2 次正方行列 $A = \begin{pmatrix} p & r \\ q & s \end{pmatrix}$ に対して，ある 2 次正則行列 $P$ が存在して，

$P^{-1}AP$ が対角行列になるとき，すなわち

$$P^{-1}AP = \begin{pmatrix} \lambda_1 & 0 \\ 0 & \lambda_2 \end{pmatrix} \tag{1.29}$$

となるとき，$A$ は対角化可能であるという．ここで，$P = (\boldsymbol{p}_1 \ \boldsymbol{p}_2)$ とおいて
(1.29) 式の両辺に左から $P$ をかけると，

$$A(\boldsymbol{p}_1 \ \boldsymbol{p}_2) = (\boldsymbol{p}_1 \ \boldsymbol{p}_2)\begin{pmatrix} \lambda_1 & 0 \\ 0 & \lambda_2 \end{pmatrix}$$

であるので，

$$\begin{cases} A\boldsymbol{p}_1 = \lambda_1\boldsymbol{p}_1 \\ A\boldsymbol{p}_2 = \lambda_2\boldsymbol{p}_2 \end{cases} \tag{1.30}$$

から，対角行列の対角成分は，$A$ の固有値であり，正則行列 $P$ は $\lambda_1$, $\lambda_2$ に対
する固有ベクトル $\boldsymbol{p}_1$, $\boldsymbol{p}_2$ を並べてできる行列で与えられることがわかる．

---

**例題 1.6**

2 次正方行列 $A = \begin{pmatrix} 7 & -9 \\ 2 & -2 \end{pmatrix}$ について，$P^{-1}AP$ が対角行列になるような
正則行列 $P$ を求めて対角化せよ．

---

**解答**　行列 $A$ の固有値とそれに対する固有ベクトルを求める．固有方程式は，

$$\begin{vmatrix} 7-\lambda & -9 \\ 2 & -2-\lambda \end{vmatrix} = \lambda^2 - 5\lambda + 4 = (\lambda - 1)(\lambda - 4) = 0$$

であるので，固有値は 1 と 4 である．それぞれの固有値に対する固有ベクトル
を求める．

(i)　固有値 $\lambda = 1$ のとき

固有ベクトルを $\boldsymbol{p}_1 = \begin{pmatrix} p_{11} \\ p_{21} \end{pmatrix}$ とおき，同次連立 1 次方程式 $(A - E)\boldsymbol{p}_1 = \boldsymbol{0}$
を掃き出し法で解く．

$$\begin{pmatrix} 6 & -9 \\ 2 & -3 \end{pmatrix} \rightarrow \begin{pmatrix} 1 & -\frac{3}{2} \\ 2 & -3 \end{pmatrix} \rightarrow \begin{pmatrix} 1 & -\frac{3}{2} \\ 0 & 0 \end{pmatrix}$$

より, $p_{11} - \dfrac{3}{2}p_{21} = 0$ が得られるので, 固有ベクトルとして, $\boldsymbol{p}_1 = \begin{pmatrix} 3 \\ 2 \end{pmatrix}$ と

とれる.

(ii)  固有値 $\lambda = 4$ のとき

固有ベクトルを $\boldsymbol{p}_2 = \begin{pmatrix} p_{12} \\ p_{22} \end{pmatrix}$ とおき, 同次連立1次方程式

$$(A - 4E)\boldsymbol{p}_2 = \boldsymbol{0}$$

を掃き出し法で解く.

$$\begin{pmatrix} 3 & -9 \\ 2 & -6 \end{pmatrix} \to \begin{pmatrix} 1 & -3 \\ 2 & -6 \end{pmatrix} \to \begin{pmatrix} 1 & -3 \\ 0 & 0 \end{pmatrix}$$

より, $p_{12} - 3p_{22} = 0$ が得られるので, 固有ベクトルとして, $\boldsymbol{p}_2 = \begin{pmatrix} 3 \\ 1 \end{pmatrix}$ と

とれる.

以上から, 正則行列 $P = \begin{pmatrix} 3 & 3 \\ 2 & 1 \end{pmatrix}$ として, $P^{-1}AP = \begin{pmatrix} 1 & 0 \\ 0 & 4 \end{pmatrix}$ と対角化さ

れる.  □

✅ **チェック問題 1.4**  2次正方行列 $A = \begin{pmatrix} 3 & -2 \\ 1 & 0 \end{pmatrix}$ について, $P^{-1}AP$ が対角行列

になるような正則行列 $P$ を求めて対角化せよ.

行列 $A$ の固有値がすべて異なる場合には対角化可能であるが, 固有値の多重
度が2以上であるものがあるときには, 対角化できない場合が起こり得る. 対
角化できない場合には, $n$ 次正方行列 $A$ に対して $P^{-1}AP$ がなるべく対角行列
に近い形として, **ジョルダンの標準形** $J$ に変形することを考える. 本書では,
2次の行列に関するジョルダンの標準形を主に扱うので, 固有値が虚数の場合
も含めてそれを列挙すると, $\lambda_1 \neq \lambda_2$ として,

$$J_1 = \begin{pmatrix} \lambda_1 & 0 \\ 0 & \lambda_2 \end{pmatrix}, \quad J_2 = \begin{pmatrix} \lambda_1 & 0 \\ 0 & \lambda_1 \end{pmatrix}, \quad J_3 = \begin{pmatrix} \lambda_1 & 1 \\ 0 & \lambda_1 \end{pmatrix}$$

の3種類である. これらのうち, 左の2つは対角化可能の場合である（対角行
列も, ジョルダンの標準形の1つと見なされる）. 以下に, $J_3 = \begin{pmatrix} \lambda_1 & 1 \\ 0 & \lambda_1 \end{pmatrix}$ の

場合（$A$ の固有値 $\lambda_1$ は重解）について，正則行列 $P$ の求め方を説明する.

対角化可能の場合と同様にして，

$$P^{-1}AP = \begin{pmatrix} \lambda_1 & 1 \\ 0 & \lambda_1 \end{pmatrix} \tag{1.31}$$

に対して，$P = (\, \boldsymbol{p}_1 \quad \boldsymbol{p}_2 \,)$ とすると，(1.31) 式の左から $P$ をかけると，

$$A(\, \boldsymbol{p}_1 \quad \boldsymbol{p}_2 \,) = (\, \boldsymbol{p}_1 \quad \boldsymbol{p}_2 \,) \begin{pmatrix} \lambda_1 & 1 \\ 0 & \lambda_2 \end{pmatrix}$$

であるので，

$$\begin{cases} A\boldsymbol{p}_1 = \lambda_1 \boldsymbol{p}_1 \\ A\boldsymbol{p}_2 = \boldsymbol{p}_1 + \lambda_1 \boldsymbol{p}_2 \end{cases} \tag{1.32}$$

を解くこととなる. まず第1式から固有値（重解）に対する固有ベクトル $\boldsymbol{p}_1$ を求める.（1次独立なベクトルとして1個しか求まらない.）次にその $\boldsymbol{p}_1$ から，第2式を解いて $\boldsymbol{p}_2$ を求めればよい. こうして得られた $\boldsymbol{p}_1$, $\boldsymbol{p}_2$ を並べてできる行列が $P$ である.

---

**例題 1.7**

2次正方行列 $A = \begin{pmatrix} 6 & -3 \\ 3 & 0 \end{pmatrix}$ について，$P^{-1}AP$ がジョルダンの標準形になるように，正則行列 $P$ とジョルダンの標準形 $J$ を求めよ.

---

**解答**　行列 $A$ の固有値を求める. 固有方程式は，

$$\begin{vmatrix} 6-\lambda & -3 \\ 3 & -\lambda \end{vmatrix} = \lambda^2 - 6\lambda + 9 = (\lambda - 3)^2 = 0$$

であるので，固有値は 3（重解）である. 固有値 3 に対する固有ベクトルを求める.

固有値 $\lambda = 3$ に対する固有ベクトルを $\boldsymbol{p}_1 = \begin{pmatrix} p_{11} \\ p_{21} \end{pmatrix}$ とおき，同次連立1次方程式 $(A - 3E)\boldsymbol{p}_1 = \boldsymbol{0}$ を掃き出し法で解く.

$$\begin{pmatrix} 3 & -3 \\ 3 & -3 \end{pmatrix} \rightarrow \begin{pmatrix} 1 & -1 \\ 3 & -3 \end{pmatrix} \rightarrow \begin{pmatrix} 1 & -1 \\ 0 & 0 \end{pmatrix}$$

より, $p_{11} - p_{21} = 0$ が得られるので, 固有ベクトルとして $\boldsymbol{p}_1 = \begin{pmatrix} 1 \\ 1 \end{pmatrix}$ ととれる[12].

次に (1.32) 式の第 2 式で $\boldsymbol{p}_2 = \begin{pmatrix} p_{12} \\ p_{22} \end{pmatrix}$ とおき, 非同次連立 1 次方程式 $(A - 3E)\boldsymbol{p}_2 = \boldsymbol{p}_1$ を掃き出し法で解く.

$$\begin{pmatrix} 3 & -3 \\ 3 & -3 \end{pmatrix} \middle| \begin{matrix} 1 \\ 1 \end{matrix} \rightarrow \begin{pmatrix} 1 & -1 \\ 3 & -3 \end{pmatrix} \middle| \begin{matrix} \frac{1}{3} \\ 1 \end{matrix} \rightarrow \begin{pmatrix} 1 & -1 \\ 0 & 0 \end{pmatrix} \middle| \begin{matrix} \frac{1}{3} \\ 0 \end{matrix}$$

より, $p_{12} - p_{22} = \dfrac{1}{3}$ が得られるので, $\boldsymbol{p}_2 = \begin{pmatrix} \frac{1}{3} \\ 0 \end{pmatrix}$ ととれる.

以上から, 正則行列 $P = \begin{pmatrix} 1 & \frac{1}{3} \\ 1 & 0 \end{pmatrix}$ として,

$$J = P^{-1}AP = \begin{pmatrix} 3 & 1 \\ 0 & 3 \end{pmatrix}$$

が得られる. □

✅ **チェック問題 1.5** 2 次正方行列 $A = \begin{pmatrix} 1 & -1 \\ 1 & 3 \end{pmatrix}$ について, $P^{-1}AP$ がジョルダンの標準形になるように, 正則行列 $P$ とジョルダンの標準形 $J$ を求めよ.

2 次行列の複素数の範囲でのジョルダンの標準形は以上の通りであるが, 固有値が $\alpha \pm i\beta$ $(\beta \neq 0)$ の場合に実数の範囲でのジョルダンの標準形について説明しておく. 固有値 $\alpha + i\beta$ に対する固有ベクトル $\boldsymbol{p}_1$ を 2 つの実ベクトル $\boldsymbol{r}$ と $\boldsymbol{s}$ で表し, $\boldsymbol{p}_1 = \boldsymbol{r} + i\boldsymbol{s}$ とする.

$$A\boldsymbol{p}_1 = (\alpha + i\beta)\boldsymbol{p}_1$$

の両辺の複素共役を考えると, $A$ が実行列であるので,

$$A\overline{\boldsymbol{p}}_1 = (\alpha - i\beta)\overline{\boldsymbol{p}}_1$$

で与えられるので, $\boldsymbol{p}_1$ の複素共役なベクトル $\overline{\boldsymbol{p}}_1$ は, 固有値

---

[12] この段階で, 固有空間の次元が 1 であるので, 固有値の多重度 2 より小さく, 対角化ができないことがわかる.

$$\lambda_2 = \alpha - i\beta = \overline{\lambda_1}$$

に対する固有ベクトル $\boldsymbol{p}_2$ であることがわかる.また,

$$A(\boldsymbol{r} + i\boldsymbol{s}) = (\alpha + i\beta)(\boldsymbol{r} + i\boldsymbol{s})$$

の実部と虚部から,

$$A\boldsymbol{r} = \alpha\boldsymbol{r} - \beta\boldsymbol{s}, \quad A\boldsymbol{s} = \beta\boldsymbol{r} + \alpha\boldsymbol{s} \tag{1.33}$$

である.ここで,$\beta \neq 0$ より,固有ベクトルは複素ベクトルであり $\boldsymbol{s} \neq \boldsymbol{0}$ であるから,$\boldsymbol{r}$ と $\boldsymbol{s}$ は 1 次独立である.よって,$P = (\,\boldsymbol{r}\;\;\boldsymbol{s}\,)$ とおくと,$P$ は正則行列であり,

$$\begin{aligned}
AP = A(\,\boldsymbol{r}\;\;\boldsymbol{s}\,) &= (\,A\boldsymbol{r}\;\;A\boldsymbol{s}\,) \\
&= (\,\alpha\boldsymbol{r} - \beta\boldsymbol{s}\;\;\beta\boldsymbol{r} + \alpha\boldsymbol{s}\,) \\
&= (\,\boldsymbol{r}\;\;\boldsymbol{s}\,)\begin{pmatrix} \alpha & \beta \\ -\beta & \alpha \end{pmatrix} = P\begin{pmatrix} \alpha & \beta \\ -\beta & \alpha \end{pmatrix}
\end{aligned}$$

だから,

$$P^{-1}AP = J_4 = \begin{pmatrix} \alpha & \beta \\ -\beta & \alpha \end{pmatrix} \tag{1.34}$$

となる.これは上述の複素数の範囲でのジョルダンの標準形とは形が違うが,実数の固有値に対する $J_1$, $J_2$, $J_3$ とともに**実ジョルダンの標準形**とよばれ,固有値が虚数の場合に実数で表現する取り扱いにおいて重要である[13].

---

13) 固有値 $\alpha + i\beta$ に対する固有ベクトルを $\boldsymbol{p}_1 = \boldsymbol{r} - i\boldsymbol{s}$ とおくことにより,$P^{-1}AP = \begin{pmatrix} \alpha & \beta \\ -\beta & \alpha \end{pmatrix}$ を実ジョルダンの標準形とする文献もあるが,本書では $\boldsymbol{p}_1 = \boldsymbol{r} + i\boldsymbol{s}$ とする.

# 第2章
# 微分方程式とは

　本章では，物理や工学の各分野で頻繁に利用される微分方程式の考え方について，大まかに理解できるようになることを目的に説明する．また微分方程式およびその解についての分類や用語の使い方について紹介するが，これは第3章以降の具体的な解法や基礎的な概念を学ぶ上で重要である．

# 2.1 微分方程式への入り口

微分方程式の構造や具体的な解法を学ぶ前に，微分方程式とは，あるいは微分方程式を解いて得られた解とはどのようなものであるかについて簡単な物理現象を使って説明する．具体的な例として，重力加速度 $g$ のもとで物体が自由落下するよく知られた現象を考える．重力の方向を正方向とし，時刻 $t$ の物体の位置を $y(t)$，速度を $v(t)$ とすれば，高校物理で学んだ自由落下の公式は，

$$v(t) = gt, \tag{2.1}$$

$$y(t) = \frac{1}{2}gt^2 \tag{2.2}$$

で与えられる．ここで，$t = 0$ における物体の位置は $y(0) = 0$ とし，初速度は $v(0) = 0$ である．この公式から時刻 $t$ における物体の位置と速度，すなわち物体の自由落下運動の様子が正確に把握できるわけである．しかしながら，見方を変えると，これらの公式は，実は物理的には物体の運動を記述するニュートンの第二法則

$$F = ma(t) = mg \tag{2.3}$$

がもとになっていることがわかる．ここで，$F$ は物体にかかる力であり，$m$ は質量，$a(t)$ は加速度である．すなわち重力 $mg$ に対して，ニュートンの第二法則は，(2.3) 式と表される．ここで，微分積分学の考え方を導入する．つまり加速度 $a(t)$ が変数 $t$ の関数（速度）$v(t)$ の微分

$$a(t) = \frac{dv(t)}{dt}$$

および速度 $v(t)$ が

$$v(t) = \frac{dy(t)}{dt}$$

で与えられることを使うと，(2.3) 式は微分を含む方程式，

$$\frac{dv(t)}{dt} = \frac{d^2y(t)}{dt^2} = g \tag{2.4}$$

となる．この式の数学的意味は，変数 $t$ の関数 $v(t)$ の微分が定数 $g$，あるいは関数 $y(t)$ の 2 階微分が定数 $g$ であることを示している．(2.4) 式について，

$v(t)$ に関する微分の項を $t$ について積分すると,

$$v(t) = \int g\,dt = gt + C_1 \tag{2.5}$$

が得られる. ここで, $C_1$ は任意定数(不定積分の積分定数)である. 次に (2.5) 式は微分を含む方程式,

$$\frac{dy(t)}{dt} = gt + C_1 \tag{2.6}$$

であり, この式の右辺は, 変数 $t$ のみの関数 $gt$ であることから, (2.5) 式の場合と同様に, (2.6) 式の両辺を $t$ について積分すると,

$$y(t) = \int (gt + C_1)\,dt = \frac{1}{2}gt^2 + C_1 t + C_2 \tag{2.7}$$

が得られる. ここで, $C_2$ は任意定数(不定積分の積分定数)である.

次に任意定数の $C_1$ と $C_2$ を求めることを考える. まず, $v(0) = 0$ であったので, (2.5) 式で $t = 0$ を代入すると, $C_1 = 0$ が得られ, この式は (2.1) 式に他ならない. また $y(0) = 0$ であったので, (2.7) 式に $t = 0$ を代入すると, $C_2 = 0$ が得られ, 従ってこの式は (2.2) 式に他ならない.

もとになる法則が未知関数およびその微分を含む等式で記述されるとき, これを**微分方程式**という. その微分方程式を満足する関数が**微分方程式の解**であり, その解を求めることを**方程式を解く**という. 微分方程式においては, 未知関数の微分を含んでいるので, その方程式から未知関数を求めるためには, 基本的に積分という作業が必要となる.

このようにして解析を行う手法は, 微分積分学を基礎として大きく発展してきた. 近年では, 物理現象を記述する既知の方程式だけでなく, 複雑な現象を記述し, 内在する本質を理解する上でその助けとなる関係式として微分方程式を構成し解析するようになっている[1]. 現象を支配する方程式を正確に立てることができれば, 条件がいろいろと変わっても解の挙動を正確に再現することができる.

---

[1] これを数学モデルもしくは数理モデルという.

## 2.2 微分方程式の分類

この節では，微分方程式の定義とそれに関連した用語について説明する．

(I) 微分方程式の定義

ある区間で定義された $n$ 回微分可能な 1 変数関数 $y(x)$ に対して，その導関数を

$$y' = \frac{dy}{dx}, \; y'' = \frac{d^2y}{dx^2}, \ldots, y^{(n)} = \frac{d^ny}{dx^n}$$

と表したとき，これらを含む等式

$$F\left(x, y, y', y'', \ldots, y^{(n)}\right) = 0 \tag{2.8}$$

を $y$ に関する**微分方程式**あるいは**常微分方程式**（単に方程式とよぶこともある）という．常微分方程式において，特に変数 $x$ を**独立変数**とよび，$y$ を**従属変数**もしくは未知関数とよぶ[2]．独立変数は，前節で取り上げたような時間変数や空間の位置変数などが具体例として挙げられる．本書では独立変数は実数に限ることとする．一方従属変数の具体例としては，自然現象として観測される物理量（前節での物体の位置や速度）や社会科学などで対象となる変動量（人口や株価等）などが挙げられるが，これらは独立変数の変化に伴い変化する，各自が解析対象としている変動量を考えればよい．

また方程式 (2.8) 式において，$n$（導関数の最高階数）を微分方程式の**階数**といい，その方程式を $\boldsymbol{n}$ **階微分方程式**とよぶ[3]．

(II) 正規形微分方程式と非正規形微分方程式

微分方程式 (2.8) 式が，$n$ 階導関数について解けて，

$$y^{(n)} = f\left(x, y, y', y'', \ldots, y^{(n-1)}\right) \tag{2.9}$$

と書かれた形の方程式を**正規形微分方程式**といい，正規形でない方程式を**非正規形微分方程式**とよぶ．

---

[2] 独立変数が 2 個以上である偏導関数を含む方程式を偏微分方程式というが，本書では常微分方程式のみを取り扱う．また（一部の例外を除いて，）独立変数を $x, t$ など，従属変数を $y, z, u, v, w$ などで表すことにする．

[3] 本書では，主に 1 階から 4 階までを取り扱うが，特に重要なものは，1 階と 2 階の微分方程式である．

**例 2.1** $y' = \sin x + y^2$ は 1 階正規形微分方程式であり,

$$y^{(4)} = \frac{y^{(3)}}{x} - 2\frac{y'}{x^3} + \frac{y}{x^4} + x \log x$$ は 4 階正規形微分方程式である. □

**例 2.2** $xy'^2 + y'x + y = 0$ は 1 階非正規形微分方程式であり,
$(\cos y''')^3 + y'' \sin x - x = 0$ は 3 階非正規形微分方程式である. □

(III) 線形微分方程式と非線形微分方程式

従属変数 $y$ とその導関数 $y'$, $y''$, ..., $y^{(n)}$ について 1 次式になっている微分方程式を**線形微分方程式**という.

**例 2.3** $y' + p(x)y = q(x)$ は 1 階線形微分方程式であり, $n$ 階線形微分方程式の一般形は

$$p_0(x)y^{(n)} + p_1(x)y^{(n-1)} + \cdots + p_{n-1}(x)y' + p_n(x)y = q(x) \qquad (2.10)$$

である. また線形微分方程式 (2.10) 式において, $q(x) \equiv 0$ の場合[4]を**同次線形微分方程式**（あるいは**斉次線形微分方程式**）, そうでない場合を**非同次線形微分方程式**（あるいは**非斉次線形微分方程式**）といい, 非同次方程式の $q(x)$ を**非同次項**という[5]. これらについての解法は, 1 階の場合については第 3 章で, 2 階の場合は第 4 章および第 5 章で, それ以上の高階の場合とそれらの基礎的な理論については第 5 章で説明する. □

線形でない微分方程式を**非線形微分方程式**という.

**例 2.4** $y' = \sin x + y^2$ は 1 階非線形微分方程式であり,

$$y^{(4)} = \frac{y^{(3)}}{x} - 2\frac{y'}{x^3} + \frac{y}{x^4} + x \log x$$ は 4 階線形微分方程式である. □

---

[4] $q(x) \equiv 0$ とは, 定義域内のすべての $x$ において, $q(x) = 0$ となるということである.
[5] 本書では, 同次方程式, 非同次方程式に統一する.

(IV)   連立微分方程式

　従属変数が 2 個以上（$y_1, y_2, \ldots, y_n$ とする）である 1 組の微分方程式を**連立微分方程式**という．一般形は複雑であるので，ここでは，本書で取り扱う 1 階連立非同次線形微分方程式の一般形のベクトル・行列表現

$$
\begin{pmatrix} y_1' \\ y_2' \\ \vdots \\ y_n' \end{pmatrix} = \begin{pmatrix} p_{11}(x) & p_{12}(x) & \cdots & p_{1n}(x) \\ p_{21}(x) & p_{22}(x) & \cdots & p_{2n}(x) \\ \vdots & \cdots & \cdots & \vdots \\ p_{n1}(x) & p_{n2}(x) & \cdots & p_{nn}(x) \end{pmatrix} \begin{pmatrix} y_1 \\ y_2 \\ \vdots \\ y_n \end{pmatrix} + \begin{pmatrix} q_1(x) \\ q_2(x) \\ \vdots \\ q_n(x) \end{pmatrix}
$$

$$(2.11)$$

のみを紹介するにとどめる．なお，例 2.3 で定義された $n$ 階線形微分方程式：(2.10) 式は，$y_1 = y, y_2 = y', \ldots, y_n = y^{(n-1)}$ とおくことによって，連立微分方程式

$$
\begin{pmatrix} y_1' \\ y_2' \\ \vdots \\ y_n' \end{pmatrix} = \begin{pmatrix} 0 & 1 & 0 & \cdots & 0 \\ 0 & 0 & 1 & \cdots & 0 \\ \vdots & \cdots & \cdots & \cdots & \vdots \\ -\frac{p_n(x)}{p_0(x)} & -\frac{p_{n-1}(x)}{p_0(x)} & \cdots & \cdots & -\frac{p_1(x)}{p_0(x)} \end{pmatrix} \begin{pmatrix} y_1 \\ y_2 \\ \vdots \\ y_n \end{pmatrix}
$$
$$
+ \begin{pmatrix} 0 \\ 0 \\ \vdots \\ \frac{q(x)}{p_0(x)} \end{pmatrix}
$$

$$(2.12)$$

と等価であることに注意しておこう．

✅ **チェック問題 2.1**　2 階非同次線形微分方程式：

$$ y'' + p_1(x)y' + p_2(x)y = q(x) $$

について，$y_1 = y, y_2 = y'$ とおくことによって，$y_1, y_2$ に関する 1 階連立微分方程式を求めよ．

# 2.3 微分方程式の解

この節では，2.1節で取り上げた自由落下運動を例に，微分方程式の解について説明する．

(I) 微分方程式の一般解

微分方程式を満足する関数をその**微分方程式の解**というが，これは積分することにより求められる．例えば (2.4) 式を積分して得られた解：(2.5) 式には**任意定数**（積分定数）が含まれる．一般に，いくつかの任意定数を含んだ関数が，もとの微分方程式の解の全体を表している場合に，これを**一般解**という．つまり，(2.5) 式で表される関数は，微分方程式 (2.4) 式の一般解である．一方，(2.7) 式は，微分方程式 (2.6) 式の一般解であるが，微分方程式 (2.4) 式の変数 $y(x)$ に関する 2 階の微分方程式を 2 回積分して得られたたものと考えれば，(2.7) 式は，(2.4) 式の一般解であり，これから一般解はもとの微分方程式の階数に等しい自由度（任意定数の個数）をもつことがわかる．すなわち，$n$ 階の微分方程式では，一般解は $n$ 個の独立な任意定数を含む．

(II) 微分方程式の特殊解と初期値問題，境界値問題

次に，一般解に含まれる任意定数を決定することを考える．一般解の任意定数に特定の値を入れて決定した解を，**特殊解**もしくは**特解**という[6]．2.1 節で取り上げた自由落下運動では，(2.7) 式の任意定数に

$$C_1 = C_2 = 0$$

として決定した (2.2) 式は，微分方程式 (2.4) 式の特殊解である．では，任意定数 $C_1 = C_2 = 0$ をどのようにして決定したかであるが，これは $t = 0$ における物体の位置 $y(0) = 0$ と初速度 $v(0) = 0$ を付帯条件として考えた．一般解に含まれる任意定数を決定するためには，任意定数の個数分だけ付帯条件を与える必要がある．2.1 節の例のように，運動の初期（最初の時刻：$t = 0$）での物理量の値を**初期値**といい，その付帯条件を**初期条件**という．微分方程式に $x = x_0$ での条件を初期条件として加えて特殊解を求める問題

---

[6] 本書では，特殊解に統一する．

$$F(y, y', y'', \ldots, y^{(n)}) = 0,$$

$$y(x_0) = k_0,\ y'(x_0) = k_1, \ldots, y^{(n-1)}(x_0) = k_{n-1} \qquad (2.13)$$

を**初期値問題**という．ここで，$k_0, k_1, \ldots, k_{n-1}$ は定数である[7]．

　一方，考える独立変数の区間（領域）が有界である場合に，その両端（境界）での従属変数の値を付帯条件として与える問題を**境界値問題**といい，その条件を**境界条件**という．例えば，2 階の微分方程式に $x = x_0$ と $x = x_1$ での条件を与えて特殊解を求める問題

$$F(y, y', y'') = 0,$$

$$y(x_0) = k_0, \quad y(x_1) = k_1 \qquad (2.14)$$

は，物理や工学の分野でよく現れる問題である．

　微分方程式の解で，特殊解として得られない，つまり一般解には含まれない解が存在することがある．このような解を**特異解**という．特異解については，次章の非正規形微分方程式の解法の中で詳しく紹介する．

---

[7] 任意定数の個数は $n$ 個なので，付帯条件も $y(x_0)$ から $y^{(n-1)}(x_0)$ までの $n$ 個の条件となることに注意しよう．

## 2.4 微分方程式の解曲線

この節では，1階の微分方程式の解を2次元のグラフに書いた場合について
その幾何的な解釈を考える．

関数 $f(x, y)$ を一価関数とする正規形の1階微分方程式

$$y'(x) = f(x, y) \tag{2.15}$$

について，その解を $y = \varphi(x)$ とする．$xy$ 平面上に描いた関数 $y = \varphi(x)$ のグ
ラフを**解曲線**という．一般解においては，$C$ は任意定数として $y = \varphi(x, C)$ で
あり，$C$ を変えることによって無限の曲線群が得られる．これを**解曲線群**とい
う．任意定数 $C$ に具体的な数値を与えることによって得られる特殊解のグラ
フは1つの解曲線を表すが，この解曲線上の点 $f(x_0, y_0)$ における接線の傾き
$\varphi'(x_0)$ は $f(x_0, y_0)$ と等しくなることが (2.15) 式からわかる．このことが解
曲線上のすべての点で成り立つので，図2.1に示すように解曲線は各点の接線
方向に沿って動くように描かれることになる．

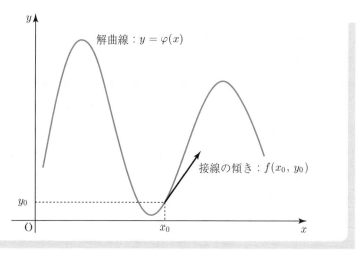

図 **2.1** 微分方程式の解曲線

## 2.5 微分方程式の解の存在と一意性

いろいろな微分方程式とその解の分類について説明してきたが,そもそも具体的な物理現象として記述される「初期値問題の解は存在するのか」,あるいは存在したとして,「それは一意に求まるのか」ということは重要な問題である.特に,現実の問題を記述している複雑な微分方程式を解くときは数値的な方法を用いて解くことも多く,存在と一意性の確認は解析結果の信頼性の観点からも必要になってくる.個々の問題について一つ一つ数学的に証明することはしないが,本書で扱うテーマのうち重要である,1 階の正規形微分方程式の初期値問題の場合について簡単に説明しておく[8].

1 階の正規形微分方程式の初期値問題

$$y'(x) = f(x, y), \quad y(x_0) = k_0 \tag{2.16}$$

を考える.このとき,$a, b$ を正定数とし,$xy$ 平面上の長方形閉領域:

$$D = \{(x, y) \mid |x - x_0| \leq a, |y - k_0| \leq b\}$$

上で定義された関数 $f(x, y)$ について,

(I) 領域 $D$ において,関数 $f(x, y)$ は一価連続であり,正定数 $M$ が存在して,

$$|f(x, y)| \leq M \tag{2.17}$$

を満足する[9].

(II) 領域 $D$ で正定数 $L$ が存在して,

$$|f(x, y) - f(x, z)| \leq L|y - z| \quad ((x, y) \in D, (x, z) \in D) \tag{2.18}$$

が成立する[10].

という条件 (I), (II) が成立するとき,初期値問題 (2.16) 式の解が

$$0 \leq |x - x_0| \leq \alpha = \min\left(a, \frac{b}{M}\right) \tag{2.19}$$

において唯一つ存在する.

---

[8] 証明については,付録 A に記載しているので参考にしていただきたい.

[9] これを $f(x, y)$ は有界であるという.

[10] これをリプシッツ条件という.

ここで注意すべきこととして, $0 \leq |x - x_0| \leq \alpha = \min\left(a, \dfrac{b}{M}\right)$ について簡単に説明する.

(2.16) 式の微分方程式から, 条件 (I) は $|y'| \leq M$ であるので, $(x_0, k_0)$ を通る解曲線の傾きが $-M$ と $M$ の間になる領域であることを示している. 従って, 解曲線が存在する領域として, 2 直線 $y - k_0 = \pm M(x - x_0)$ で囲まれた領域が領域 $D$ 内にあることを考慮する必要がある. すなわち 2 直線が領域 $D$ で $y = k_0 + b$, $y = k_0 - b$ と交わる場合と交わらない場合を考える必要がある.

(i) $\dfrac{b}{a} \leq M$ の場合 (交わる場合)

図 2.2 に示すように, 直線 $y - k_0 = M(x - x_0)$ が $y = k_0 + b$ と交わる点の $x$ 座標は, $x = x_0 + \dfrac{b}{M}$ であるので, $x_0 - \dfrac{b}{M} \leq x \leq x_0 + \dfrac{b}{M}$ で 2 直線に囲まれた領域は $D$ 内にある.

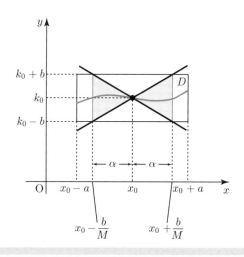

図 **2.2** $\frac{b}{a} \leq M$ の場合

(ii) $\dfrac{b}{a} > M$ の場合（交わらない場合）

この場合には，図 2.3 に示すように，$x_0 - a \le x \le x_0 + a$ で 2 直線に囲まれた領域は $D$ 内にある．

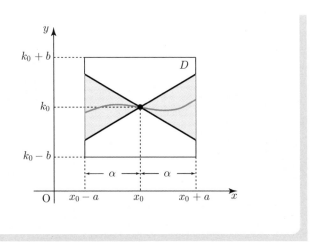

図 **2.3** $\dfrac{b}{a} > M$ の場合

以上から，$\alpha = \min\left(a, \dfrac{b}{M}\right)$ としておけばよいことになる．

上述の 1 階の場合の証明については付録 A に示してあるが，正規形の連立微分方程式の初期値問題についても，同様の条件 (I), (II) が満足される場合には，唯一つの解が存在することが証明されている．従って，$n$ 階線形微分方程式：(2.10) 式は (2.12) 式のように変形できるので，唯一つの解が存在することになる．本書で扱う線形微分方程式の初期値問題については，解の存在と一意性について保証されていることを念頭に解けばよい．

一方で非正規形の微分方程式に対しては，解の一意性は必ずしも成立しないことに注意しておこう．

# 第 3 章

# 1 階微分方程式

四則演算，初等関数の性質を利用した式変形，関数の微分・積分計算などを組み合わせて行って微分方程式の解を求める方法を**求積法**という．この章では，求積法で求まるパターンの微分方程式の解法を紹介する．

---

**[3 章の内容]**

変数分離形：$\dfrac{dy}{dx} = g(x)h(y)$

同次形微分方程式：$\dfrac{dy}{dx} = f\left(\dfrac{y}{x}\right)$

1 階線形微分方程式：$\dfrac{dy}{dx} + p(x)y = q(x)$

ベルヌーイの微分方程式：

$\quad \dfrac{dy}{dx} + p(x)y = q(x)y^m \ \ (m \neq 0, 1)$

完全微分形の微分方程式：

$\quad P(x, y)\, dx + Q(x, y)\, dy = 0$

積分因子を用いて完全微分系に変形する解法

非正規形微分方程式

# 3.1　変数分離形：$\dfrac{dy}{dx} = g(x)h(y)$

## ―そのまま積分計算を行って解を求めるパターン

━━━━━━━━━━━ **変数分離形の微分方程式** ━━━━━━━━━━━

　変数分離形の微分方程式は，正規形の微分方程式に変形したとき，右辺の関数が独立変数（例えば $x$）のみを変数とする関数と従属変数（例えば $y$）のみを変数とする関数に分離され，それらの 2 つの関数の積で与えられる場合である．この形の微分方程式は積分計算のみを行うことによって解が得られる．

変数分離形は，

$$\frac{dy}{dx} = g(x)h(y) \tag{3.1}$$

と表され，(2.15) 式において，$f(x,y)$ が $x$ のみの関数 $g(x)$ と $y$ のみの関数 $h(y)$ の積で書かれる場合である．

> **例 3.1**　1 階同次線形微分方程式 $y' + p(x)y = 0$ は，
>
> $$y' = \frac{dy}{dx} = -p(x)y$$
>
> と変形できるので，$g(x) = p(x)$, $h(y) = y$ とする変数分離形の微分方程式である．　　　　　　　　　　　　　　　　　　　　　　　　　　　□

　変数分離形の微分方程式の解法について説明する．まず (3.1) 式の両辺を $h(y)$ で割ると

| **ステップ 1：キーポイント**　　**変数分離形の微分方程式の変形手順** |
|:---|
| $$\frac{1}{h(y)}\frac{dy}{dx} = g(x) \tag{3.2}$$ |

が得られる．$\dfrac{1}{h(y)}$ の原始関数を $H(y)$ とすると，$H(y)$ は $y$ の関数と見なされるが，$y = y(x)$ であるので，これは $x$ の関数 $\tilde{H}(x) = H(y(x))$ と見なすこと

ができる. $\tilde{H}(x)$ を $x$ で微分すれば，合成関数の微分により，

$$
\frac{d\tilde{H}(x)}{dx} = \frac{dH(y(x))}{dx}
$$

$$
= \frac{dH(y)}{dy}\frac{dy}{dx}
$$

$$
= \frac{1}{h(y)}\frac{dy}{dx} = g(x) \tag{3.3}
$$

であるから，(3.2) 式の両辺を $x$ で積分すれば，

---

**ステップ2：公式** 　**変数分離形の微分方程式の一般解**

$$
\int \frac{1}{h(y)}\,dy = \int g(x)\,dx + C \quad （C は任意定数） \tag{3.4}
$$

---

が得られる[1]. 従って，不定積分 $\displaystyle\int \frac{1}{h(y)}\,dy$ と $\displaystyle\int g(x)\,dx$ が求まれば，変数分離形の微分方程式の解が求まることになる. ここで，(3.4) 式において，$\displaystyle\int \frac{1}{h(y)}\,dy$ と $\displaystyle\int g(x)\,dx$ の原始関数の一般形からはそれぞれ積分定数が出てくるが，任意定数同士の四則演算で得られたものは，改めて1つの任意定数としてよいので，$C$ としてまとめてある. このことから，本書における積分表示においては，積分定数が零の場合の原始関数を示すこととする. なお (3.4) 式は任意定数 $C$ を含んでおり，1階の微分方程式 (3.1) 式の一般解である.

---

**──例題 3.1──**

変数分離形の微分方程式

$$
\frac{dy}{dx} = -\frac{y+1}{x-2}
$$

を解け.

---

**解答** 　$y \neq -1$ のとき，与式の両辺を $y+1$ で割ると，

$$
\frac{1}{y+1}\frac{dy}{dx} = -\frac{1}{x-2}
$$

---

[1] (3.2) 式の両辺を $x$ で積分したとき，左辺については置換積分したことになる.

が得られる. 両辺を $x$ で積分すると, $c$ を任意定数として,

$$\int \frac{1}{y+1}\,dy = -\int \frac{1}{x-2}\,dx + c$$

より,

$$\log|y+1| = -\log|x-2| + c \tag{3.5}$$

が得られる.

さて, (3.5) 式は, このままの形でも一般解であるが, これを変形すると,

$$\log|y+1| + \log|x-2| = \log|(x-2)(y+1)| = c$$

となるから,

$$(x-2)(y+1) = \pm e^c$$

が得られる. 改めて, $C = \pm e^c$ とおきかえれば[2)],

$$(x-2)(y+1) = C \quad (C \text{ は任意定数}) \tag{3.6}$$

となる[3)].

(**注意**)　$y = -1$ のときを考える. $y = -1$ （定数関数）は, $\dfrac{dy}{dx} = 0$ であるので, もとの微分方程式を満足しており解の 1 つである.（任意定数が入っていないので一般解ではない.）ここで, 一般解 (3.6) 式から, $C = 0$ とすれば $x \neq 2$ において $y = -1$ が得られるので, これは特殊解であることがわかる.

なお当然のことであるが, $(x-2)(y+1) = C$ が微分方程式の解になっているかどうかは微分して確認すればよい. すなわち, 両辺を微分すれば,

$$左辺 = \frac{d}{dx}\{(x-2)(y+1)\} = (x-2)'(y+1) + (x-2)(y+1)'$$
$$= (y+1) + (x-2)y',$$
$$右辺 = 0$$

より, $y' = -\dfrac{y+1}{x-2}$ であることが確認できる.

---

[2)] 任意定数をある関数に代入して得られたものも任意定数としてよい.

[3)] 微分方程式を解くときに, 対数の真数の絶対値記号は省略して計算し, 後で任意定数のとる値の範囲を考えればよい.

また一般解 $(x-2)(y+1) = C$ について，任意定数に具体的な数値を代入したもの（$C = 0, \pm1, \pm2, \pm3$ の場合）を図 3.1 に示す．この図からわかるように，双曲線の解曲線群が得られるが，漸近線で分けられた 4 つのどの領域に解曲線があるかは，初期条件によって決まる．また $x \to 2$ で $y \to \pm\infty$ に発散するが，このように $\displaystyle\lim_{x \to \tilde{x}} |y(x)| = \infty$ となることを，**解の爆発**という．

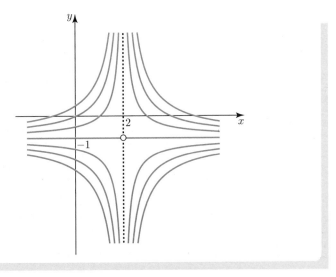

**図 3.1** 例題 3.1 の微分方程式の解曲線群

□

―**例題 3.2**――

変数分離形の微分方程式の初期値問題

$$\frac{dy}{dx} = \cos x \cos^2 y, \quad y(0) = \frac{\pi}{4}$$

を解け．

**解答** $\cos y \neq 0$ のとき，与式の両辺を $\cos^2 y$ で割ると，

$$\frac{1}{\cos^2 y} \frac{dy}{dx} = \cos x$$

が得られる．両辺を $x$ で積分すると，

$$\int \frac{1}{\cos^2 y}\,dy = \int \cos x\,dx + C$$

より，一般解は

$$\tan y = \sin x + C \quad (C \text{ は任意定数}) \tag{3.7}$$

である．ここで，初期条件 $y(0) = \dfrac{\pi}{4}$ より，(3.7) 式に

$$x = 0, \quad y = \frac{\pi}{4}$$

を代入すると，$1 = 0 + C$ より $C = 1$ となる．よって求める特殊解は，

$$\tan y = \sin x + 1$$

である．この特殊解の解曲線を描くと，図 3.2 が得られる．

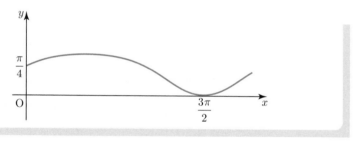

図 **3.2**　例題 3.2 の微分方程式の初期値問題の解曲線

□

● チェック問題 **3.1**　微分方程式の初期値問題

$$\frac{dy}{dx} = \frac{1 + y^2}{2y(1 + x^2)}, \quad y(-1) = 1$$

を解け．

# 3.2 同次形微分方程式：$\frac{dy}{dx} = f\left(\frac{y}{x}\right)$
## —従属変数の変数変換で変数分離形に帰着できるパターン

### 同次形の微分方程式

　同次形の微分方程式は，正規形の微分方程式に変形したとき，右辺の関数が $\frac{y}{x}$ を変数とする関数として表されるものである．この微分方程式の特徴は，従属変数の変数変換を行うことにより，変数分離形に帰着でき，それを積分すれば解が求まることである．

　同次形は，

$$\frac{dy}{dx} = f\left(\frac{y}{x}\right) \tag{3.8}$$

と表され，(2.15) 式において，$f(x, y)$ が $\frac{y}{x}$ のみの関数となる場合である．

**例 3.2**

$$y' = \frac{dy}{dx} = \frac{a_0 x^m + a_1 x^{m-1} y + \cdots + a_m y^m}{b_0 x^m + b_1 x^{m-1} y + \cdots + b_m y^m}$$

（$a_0, \ldots, a_m$ および $b_0, \ldots, b_m$ は定数で，分子と分母はともに $m$ 次の同次多項式）は，右辺の関数の分子分母を $x^m$ で割ることにより，

$$\frac{dy}{dx} = \frac{a_0 + a_1\left(\frac{y}{x}\right) + \cdots + a_m\left(\frac{y}{x}\right)^m}{b_0 + b_1\left(\frac{y}{x}\right) + \cdots + b_m\left(\frac{y}{x}\right)^m} = f\left(\frac{y}{x}\right)$$

と変形できるので，同次形の微分方程式である． □

　同次形の微分方程式の解法について説明しよう．(3.8) 式の右辺が $\frac{y}{x}$ のみの関数になっているので，

| ステップ 1 : キーポイント | 同次形の微分方程式の変数変換 |

$$z = \frac{y}{x} \tag{3.9}$$

と変数変換する．ここで，従属変数 $y$ は $x$ の関数であったので，$z$ も $x$ の関数 $z(x)$ である．(3.9) 式から，$y(x) = xz(x)$ として両辺を $x$ で微分すると，

$$\frac{dy}{dx} = z + x\frac{dz}{dx} \tag{3.10}$$

となるので，この式と (3.9) 式を (3.8) 式に代入して整理すれば，

| ステップ 2 : 公式 | 変形されて得られた変数分離形の微分方程式 |

$$\frac{dz}{dx} = \frac{1}{x}(f(z) - z) \tag{3.11}$$

が得られる[4]．従って，変数分離形の微分方程式の解法に従って積分計算を行い，得られた一般解に $z = \dfrac{y}{x}$ を代入すれば，$y$ についての一般解が求まることになる．

---**例題 3.3**---

微分方程式 $\dfrac{dy}{dx} = \dfrac{2x - y}{x - 6y}$ を解け．

**解答**　与式の右辺の分子分母を $x$ で割ると，

$$\frac{2x - y}{x - 6y} = \frac{2 - \left(\dfrac{y}{x}\right)}{1 - 6\left(\dfrac{y}{x}\right)}$$

より同次形の微分方程式である．$y = xz$ とおいて，両辺を $x$ で微分して与式に代入すれば，

---

[4] $g(x) = \dfrac{1}{x}$, $h(z) = f(z) - z$ とすると，従属変数 $z$ についての変数分離形の微分方程式である．

$$\frac{dz}{dx} = \left(\frac{1}{x}\right)\left(\frac{6z^2 - 2z + 2}{1 - 6z}\right)$$

となり，変数分離形の微分方程式が得られる．両辺を $-\dfrac{6z^2 - 2z + 2}{1 - 6z}$ で割り

$x$ で積分すると，$c$ を任意定数として，

$$\int \frac{6z - 1}{6z^2 - 2z + 2}\,dz = -\int \frac{1}{x}\,dx + c$$

より，

$$\frac{1}{2}\log(3z^2 - z + 1) = -\log x + c$$

が得られる．$z = \dfrac{y}{x}$ として $x$ と $y$ の式に戻して整理すれば，一般解

$$x^2 - xy + 3y^2 = C \quad (C \text{ は任意定数})$$

が得られる．ただし，$C = e^{2c}$ である．　　　　　　　　　　　　　　　□

**例 3.3**　$a_0,\,a_1,\,a_2$ および $b_0,\,b_1,\,b_2$ を定数とし，$a_2$ と $b_2$ が同時に $0$ とはならない場合の次の微分方程式

$$y' = \frac{dy}{dx} = \frac{a_0 x + a_1 y + a_2}{b_0 x + b_1 y + b_2} \tag{3.12}$$

はこのままでは同次形の微分方程式ではないが，変数変換を行うことにより変数分離形の微分方程式に変形できる[5]．定数 $a_0,\,a_1$ および $b_0,\,b_1$ の関係によって変数変換の手順が異なるので，場合分けして説明する．

(i)　$a_0 b_1 - a_1 b_0 \neq 0$ のとき

$\alpha,\,\beta$ を定数として，$\xi = x - \alpha,\ \eta = y - \beta$ とおく．

$$\frac{dy}{dx} = \frac{dy}{d\xi}\frac{d\xi}{dx} = \frac{d(\eta + \beta)}{d\xi} = \frac{d\eta}{d\xi}$$

であるので，$\xi$ を独立変数，$\eta$ を従属変数とする微分方程式

$$\frac{d\eta}{d\xi} = \frac{a_0\xi + a_1\eta + (a_0\alpha + a_1\beta + a_2)}{b_0\xi + b_1\eta + (b_0\alpha + b_1\beta + b_2)} \tag{3.13}$$

---

[5] $y' = \dfrac{dy}{dx} = f\left(\dfrac{a_0 x + a_1 y + a_2}{b_0 x + b_1 y + b_2}\right)$ のより一般的な場合にも拡張できる．

が得られる．ここで，連立 1 次方程式

$$\begin{cases} a_0\alpha + a_1\beta + a_2 = 0 \\ b_0\alpha + b_1\beta + b_2 = 0 \end{cases}$$

を満たす解は $a_0 b_1 - a_1 b_0 \neq 0$ であるので唯一つ得られ，この $\alpha$ と $\beta$ に対して，(3.13) 式は

$$\frac{d\eta}{d\xi} = \frac{a_0\xi + a_1\eta}{b_0\xi + b_1\eta} \tag{3.14}$$

の同次形の微分方程式となる．従って，変数分離形の微分方程式に帰着される．

(ii)　$a_0 b_1 - a_1 b_0 = 0$ のとき（ここでは $b_1 \neq 0$ とするが，他の係数が零でないとしても同じである．）

$a_0 = \dfrac{a_1 b_0}{b_1}$ より，

$$a_0 x + a_1 y = \frac{a_1}{b_1}(b_0 x + b_1 y)$$

である．$z = b_0 x + b_1 y$ とおくと，

$$\frac{dz}{dx} = b_0 + b_1 \frac{dy}{dx}$$

であるので，(3.12) 式は

$$\frac{dz}{dx} = b_0 + \frac{a_1 z + a_2 b_1}{z + b_2} \tag{3.15}$$

となるので，

$$g(x) = 1, \quad h(z) = b_0 + \frac{a_1 z + a_2 b_1}{z + b_2}$$

の変数分離形の微分方程式に帰着される．　　　　　　　　　　　　□

☑ **チェック問題 3.2**　微分方程式 $\left( x \sin \dfrac{y}{x} \right) \dfrac{dy}{dx} = x \cos \dfrac{y}{x} + y \sin \dfrac{y}{x}$ を解け．

# 3.3 1階線形微分方程式：$\frac{dy}{dx} + p(x)y = q(x)$

## —積分できる形に変形して解を求めるパターン

### 1階線形微分方程式

　1階線形微分方程式は，従属変数 $y$ とその導関数 $y'$ が1次である微分方程式であり，同次方程式と非同次方程式に分けられる．同次方程式は変数分離形であるので，積分すれば解が求まる．非同次方程式は，ほとんどの場合には，そのままでは積分できないので，積分ができるようにある関数（積分因数）を両辺にかけて変形して解を求める．あるいは，同次方程式の一般解をもとに，その任意定数を変数として扱うことによって積分できるように変形する方法（定数変化法）を利用する．1階非同次線形微分方程式の解は，共通の構造をもっているので，1つの解（特殊解）を見つければよいことになる．この特殊解は，視察（目の子）で求めることもできる場合がある．

**1階線形微分方程式**は，

$$\frac{dy}{dx} + p(x)y = q(x) \tag{3.16}$$

で与えられる．$q(x) \equiv 0$ の場合を**同次線形微分方程式**，そうでない場合を**非同次線形微分方程式**といい，このときの $q(x)$ を非同次項という．

(I) 同次線形微分方程式の解

　1階同次線形微分方程式

$$\frac{dy}{dx} + p(x)y = 0 \tag{3.17}$$

は，$\frac{dy}{dx} = (-p(x))(y)$ より，変数分離形の微分方程式であるから，任意定数を $c$ として

$$\int \frac{1}{y}\,dy = -\int p(x)\,dx + c \tag{3.18}$$

である．よって一般解は

> **ステップ 1：公式**　**1 階同次線形微分方程式の一般解**
>
> $$y = C \exp\left(-\int p(x)\,dx\right) \quad (C \text{ は任意定数}) \tag{3.19}$$

で与えられる．ここで，指数関数 $e^X$ を $\exp(X)$ と表していることに注意しよう．また $C = \pm e^c$ である．

**(II)　非同次線形微分方程式の解**

　次に 1 階同次線形微分方程式

$$\frac{dy}{dx} + p(x)y = q(x) \tag{3.20}$$

の解法を説明する．解法の種類はいくつかあるが，別の微分方程式の解法にも適用される方法である**積分因子**を用いる方法と**定数変化法**とよばれる 2 つの方法について説明する．いずれの方法も最終的には積分を計算して一般解を求める方法である．

**(II-i)　積分因子を用いる方法**

　**積分因子**を用いた解法について説明する．(3.20) 式の両辺にある適当な関数 $\mu(x)$ をかけると，

> **ステップ 2：キーポイント**　**積分因子は，非同次方程式の両辺にかける**
>
> $$\mu(x)\left(\frac{dy}{dx} + p(x)y\right) = \mu(x)q(x) \tag{3.21}$$

となるが，右辺は $x$ のみの関数なので，左辺が $x$ で積分できるように関数 $\mu(x)$ を選ぶ．具体的には，$x$ について簡単に積分できるのは，ある関数の導関数の場合であることは容易にわかるので，左辺が $(\mu(x)y)'$ の形となるような $\mu(x)$ の条件を求める．すなわち，$\dfrac{d}{dx}(\mu(x)y) = \mu'(x)y + \mu(x)y$ より (3.21) 式の左辺と比較すると，

$$\mu'(x)y + \mu(x)y' = \mu(x)y' + \mu(x)p(x)y$$

より，

| ステップ3：キーポイント | 積分因子が満足する条件 |
|---|---|

$$\mu'(x) = \mu(x)p(x) \tag{3.22}$$

という関係式が与えられる．この式は $\mu(x)$ に関する変数分離形の微分方程式なので，$\mu(x)$ を求めることができ，

$$\mu(x) = c\exp\left(\int p(x)\,dx\right) \quad (c\text{ は任意定数}) \tag{3.23}$$

が得られる．これを左辺が $(\mu(x)y)'$ の形であることを考えて (3.21) 式に代入すれば，

$$\left\{c\exp\left(\int p(x)\,dx\right)y\right\}' = c\exp\left(\int p(x)\,dx\right)q(x) \tag{3.24}$$

となるので，任意定数 $c$ を消去して $x$ について両辺を積分すると，

$$\exp\left(\int p(x)\,dx\right)y$$
$$= \int\left\{\exp\left(\int p(x)\,dx\right)q(x)\right\}dx + C \quad (C\text{ は任意定数})$$

から

| ステップ4：公式 | 1階非同次線形微分方程式の一般解 |
|---|---|

$$y = \exp\left(-\int p(x)\,dx\right)\left[\int\left\{\exp\left(\int p(x)\,dx\right)q(x)\right\}dx + C\right]$$
$$(C\text{ は任意定数}) \tag{3.25}$$

が得られる．このときの関数

$$\mu(x) = \exp\left(\int p(x)\,dx\right)$$

を積分因子という[6]．なお，(3.25) 式の右辺を 2 つの項に分けてみると，

---

[6] (3.23) 式では，$\mu(x)$ に任意定数 $c$ があるが，$c$ は相殺して消去されるので，$c = 1$ としておいてよい．

$$y = C \exp\left(-\int p(x)\,dx\right)$$

$$+ \exp\left(-\int p(x)\,dx\right)\left[\int \left\{\exp\left(\int p(x)\,dx\right)q(x)\right\}dx\right] \quad (3.26)$$

と書けるので，(3.19) 式も考慮すると，

**ステップ5：キーポイント**　　**非同次線形微分方程式の一般解の構造**

　　（非同次方程式の一般解）

　　＝（同次方程式の一般解）＋（非同次方程式の特殊解）　　(3.27)

と書けることがわかる[7]．なお同次方程式の一般解は**余関数**ともよばれる．

──**例題 3.4**──

微分方程式 $y' + \dfrac{1}{x}y = 3x$ を積分因子を求めることにより解け．

**解答**　非同次方程式

$$y' + \frac{1}{x}y = 3x$$

の両辺に積分因子 $\mu(x)$ をかけ，左辺を $(\mu(x)y)'$ と比較すれば，$\mu(x)$ に関する変数分離形の微分方程式

$$\mu'(x) = \frac{1}{x}\mu(x)$$

が得られる．これから，任意定数を $c$ として

$$\mu(x) = cx$$

となるが，$c = 1$ として積分因子 $\mu(x) = x$ とする．これをもとの微分方程式の両辺にかけた式は，

$$(xy)' = 3x^2$$

となり，両辺を $x$ で積分すれば，

───────────────

7) 第 1 章で確認した，線形非同次連立 1 次方程式の解の構造：(1.28) 式と同じ構造であることがわかる．

$$xy = x^3 + C \quad (C \text{ は任意定数})$$

より，非同次方程式の一般解は

$$y = \frac{C}{x} + x^2 \quad (C \text{ は任意定数})$$

である. □

(II-ii) 定数変化法

定数変化法を用いた解法について説明する．定数変化法とは，同次線形微分方程式の一般解（余関数）をまず求め，その一般解の任意定数を $x$ の関数 $z(x)$ として，非同次方程式において，関数 $z(x)$ が満足する条件から，非同次方程式の一般解を求める方法である．具体的には，まず同次方程式の一般解である

(3.19) 式 : $y = C \exp\left(-\int p(x)\,dx\right)$ の任意定数 $C$ を $x$ の関数 $z(x)$ とおき，

---

**ステップ 2 : キーポイント** **定数変化法の変形手順**

$y = z(x) \exp\left(-\int p(x)\,dx\right)$ をもとの非同次方程式 (3.16) 式に代入する.

---

このとき，

$$\text{左辺} = \left\{ z(x) \exp\left(-\int p(x)\,dx\right) \right\}' + p(x)\left\{ z(x) \exp\left(-\int p(x)\,dx\right) \right\}$$

$$= z'(x) \exp\left(-\int p(x)\,dx\right) - z(x)p(x) \exp\left(-\int p(x)\,dx\right)$$

$$+ p(x)z(x) \exp\left(-\int p(x)\,dx\right)$$

$$= z'(x) \exp\left(-\int p(x)\,dx\right)$$

より[8]，

$$z'(x) = q(x) \exp\left(\int p(x)\,dx\right) \tag{3.28}$$

---

[8] この段階で，左辺は必ず $z'(x) \exp\left(-\int p(x)\,dx\right)$ となるので，同次方程式の一般解が正しいかどうかがチェックできる.

という，$z(x)$ に関する変数分離形の微分方程式が得られる．この式の右辺は $x$ のみの関数であるので，そのまま両辺を積分すれば，

$$z(x) = \int \left\{ q(x) \exp\left( \int p(x)\, dx \right) \right\} dx + C \quad （C \text{ は任意定数}） \quad (3.29)$$

であるから，(3.19) 式の任意定数の部分に (3.29) 式を代入すれば，非同次方程式の一般解

---

**ステップ3：公式**　**1階非同次線形微分方程式の一般解**

$$y = \left[ \int \left\{ q(x) \exp\left( \int p(x)\, dx \right) \right\} dx + C \right] \exp\left( -\int p(x)\, dx \right)$$

$$（C \text{ は任意定数}） \qquad (3.30)$$

---

が求まり，(3.26) 式と同じ式になることがわかる．

---
**例題 3.5**

微分方程式 $y' - \dfrac{2x}{1+x^2} y = \dfrac{2x}{1+x^2}$ を定数変化法を用いて解け．

---

**解答**　同次方程式

$$y' - \frac{2x}{1+x^2} y = 0$$

は，変数分離形の微分方程式

$$y' = \left( \frac{2x}{1+x^2} \right) y$$

であるので，積分すると，

$$y = c(1+x^2) \quad （c \text{ は任意定数}） \qquad (3.31)$$

が得られる．定数変化法を利用する．$c = z(x)$ とおいて，$y = z(1+x^2)$ をもとの微分方程式に代入すると，

$$z' = \frac{2x}{(1+x^2)^2}$$

となり，両辺を $x$ で積分すれば，

$$z = -\frac{1}{1+x^2} + C \quad (C \text{ は任意定数})$$

が求まる．従って，この $z$ を (3.31) 式の $c$ に代入すれば，非同次方程式の一般解は

$$y = C(1+x^2) - 1 \quad (C \text{ は任意定数})$$

となる．　　　　　　　　　　　　　　　　　　　　　　　　　　□

（**注意**）　前項までの議論から，非同次方程式の一般解は (3.27) 式の構造をしていることがわかる．つまり，同次方程式の一般解は変数分離形の公式から積分計算で求まるので，非同次方程式の特殊解を求めればよいことになる．これはいつでもできるということではないが，$p(x)$, $q(x)$ の形によっては容易に視察（目の子）で見つけられる場合がある．例えば，例題 3.5 では，$y$ が定数なら $y' = 0$ であるので，$y = -1$ は容易に見つかる．同様に，例題 3.4 では，$p(x) = \frac{1}{x}$ に $kx^2$（$k$ は定数）をかければ 1 次関数となり $q(x)$ の次数と一致し，さらに $kx^2$ を微分すれば 1 次関数になることから，特殊解を $kx^2$ と予測して $k$ を求めればよい．

✅ **チェック問題 3.3**　微分方程式 $y' - \frac{1}{x}y = x \log x$ を積分因子を求める方法と定数変化法を用いた方法の 2 通りで解け．

## 3.4 ベルヌーイの微分方程式：$\dfrac{dy}{dx} + p(x)y = q(x)y^m \ (m \neq 0, 1)$

―変数変換して 1 階線形微分方程式に帰着するパターン

---
**━━━ ベルヌーイの微分方程式 ━━━**

　ベルヌーイの微分方程式は，従属変数の変数変換を行うことにより 1 階非同次線形微分方程式に帰着する微分方程式であるので，前節の方法で解を求めることができる.

---

　ベルヌーイの微分方程式は，

$$\frac{dy}{dx} + p(x)y = q(x)y^m \quad (m \neq 0, 1) \tag{3.32}$$

で与えられる. $m = 0$ の場合は，1 階非同次線形微分方程式 (3.16) 式となることはすぐにわかる. また $m = 1$ の場合は，右辺の $q(x)y$ を左辺に移項することにより. 1 階同次線形微分方程式に帰着する.

　$m \neq 0, 1$ のとき，(3.32) 式の両辺を $y^m$ で割った式

---
**ステップ1：キーポイント　ベルヌーイの微分方程式の変形手順**

$$\frac{1}{y^m}y' + p(x)\frac{1}{y^{m-1}} = q(x) \tag{3.33}$$

において，変数変換 $z = \dfrac{1}{y^{m-1}} = y^{1-m}$ を行う.

---

　両辺を $x$ で微分すれば，

$$z' = (1-m)y^{-m}y' = (1-m)\frac{1}{y^m}y' \tag{3.34}$$

であるので，$\dfrac{1}{y^m}y' = \dfrac{1}{1-m}z'$ と $z = \dfrac{1}{y^{m-1}} = y^{1-m}$ を (3.33) 式に代入して整理すると，$z$ に関する 1 階非同次線形微分方程式

$$z' + \{(1-m)p(x)\}z = (1-m)q(x) \tag{3.35}$$

に帰着する．この微分方程式の一般解の $z$ に $z = y^{1-m}$ を代入してベルヌーイの微分方程式の一般解を得る．

---**例題 3.6**---

微分方程式 $y' - \dfrac{1}{2x}y = -2\sqrt{x}\,y^2$ を解け．

---

**解答**　$m = 2$ の場合のベルヌーイの微分方程式であるので，与式の両辺を $y^2$ でわって $z = y^{-1}$ と変数変換すると，

$$z' + \frac{1}{2x}z = 2\sqrt{x}$$

となるので，非同次線形微分方程式に帰着する．積分因子 $\mu(x)$ を両辺にかけて，左辺が $(\mu(x)z)'$ となる条件を求めると，変数分離形の微分方程式

$$\mu'(x) = \frac{1}{2x}\mu(x)$$

が得られる．これから，任意定数を $c$ として

$$\mu(x) = c\sqrt{x}$$

となるが，$c = 1$ として積分因子 $\mu(x) = \sqrt{x}$ とする．これから，

$$(\sqrt{x}\,z)' = 2x$$

となり，両辺を積分して整理すると，

$$z = x\sqrt{x} + C\frac{1}{\sqrt{x}} \quad (C \text{ は任意定数})$$

が求まる．従って，$y = z^{-1}$ より一般解は

$$y = \frac{\sqrt{x}}{C + x^2} \quad (C \text{ は任意定数})$$

である．　　　　　　　　　　　　　　　　　　　　　　　　　　　　□

さらに，変数変換でベルヌーイの微分方程式に帰着する微分方程式があるので紹介しておく．

例 3.4  1 階微分方程式

$$y' = (x + y)(2x + y - 1) - 1$$

は，$z = x + y$ と変数変換すると，$z' = 1 + y'$ より，

$$z' + (1 - x)z = z^2$$

となり，$m = 2$ のベルヌーイの微分方程式に帰着する． □

例 3.5  1 階微分方程式

$$y' = p(x) + q(x)y + r(x)y^2$$

は，リッカチの微分方程式とよばれる．この微分方程式は求積法では解けないが，特殊解 $y_1$ がわかれば，$y = y_1 + z$ と変数変換すると，$z$ に関する微分方程式

$$z' - \{q(x) + 2y_1 r(x)\}z = r(x)z^2$$

となり，$m = 2$ のベルヌーイの微分方程式に帰着する． □

# 3.5 完全微分形の微分方程式：$P(x, y)\,dx + Q(x, y)\,dy = 0$

**—微分方程式が 2 変数関数の全微分で与えられる場合のパターン**

### 完全微分形の微分方程式

　ここまでの微分方程式は，従属変数を独立変数の関数として扱ったものを考えてきた．一方，$xy$ 平面上の解曲線は，変数 $x$ と $y$ を同等に扱う 2 変数関数 $\phi(x, y) = 0$ のグラフを描いたものとみなすことができる．この節では，微分方程式を 2 つの独立変数の 2 変数関数の方程式として扱い，これが完全微分形となる場合を考察する．

これまで取り扱ってきた

$$P(x, y) + Q(x, y)\frac{dy}{dx} = 0 \tag{3.36}$$

の形式の微分方程式に対して，

$$P(x, y)\,dx + Q(x, y)\,dy = 0 \tag{3.37}$$

の形式の微分方程式を取り上げる．この微分方程式においては，2 変数 $x, y$ が独立変数として扱われていることに注意しよう．ここで $P(x, y)$ と $Q(x, y)$ は $C^1$-級の関数[9]とする．一方，$C^1$-級の関数 $U(x, y)$ の全微分 $dU$ は，

$$dU = \frac{\partial U(x, y)}{\partial x}\,dx + \frac{\partial U(x, y)}{\partial y}\,dy \tag{3.38}$$

と表される．いま，ある $C^1$-級の関数 $U(x, y)$ が存在して，その全微分 (3.38) 式が (3.37) 式の左辺と等しい場合を考える．すなわち，

$$P(x, y) = \frac{\partial U(x, y)}{\partial x}, \quad Q(x, y) = \frac{\partial U(x, y)}{\partial y} \tag{3.39}$$

の関係を満足するとき，微分方程式 (3.37) 式は，**完全微分系**であるという．完全微分形の微分方程式の解は，(3.37) 式，(3.38) 式から，$dU = 0$ を積分して，

---

[9] 2 変数関数 $F(x, y)$ が $k$ 階までのすべての連続な偏導関数を持つとき，$F(x, y)$ は $C^k$-級の関数であるという．

$$U(x, y) = C \quad (C は任意定数) \tag{3.40}$$

で与えられる.

さて, 問題は, (3.37) 式が完全微分形であるための $P(x, y)$ と $Q(x, y)$ が満足する必要十分条件についてであるが, これは

> **ステップ1：キーポイント**　　**完全微分形となるための条件**
>
> $$\frac{\partial P(x, y)}{\partial y} = \frac{\partial Q(x, y)}{\partial x} \tag{3.41}$$

で与えられる[10].

（証明）

(I)　（必要条件）

完全微分形であるとき, (3.39) 式を満足しているので (3.39) 式の第 1 式を $y$ で偏微分し, 第 2 式を $x$ で偏微分すると,

$$\frac{\partial P(x, y)}{\partial y} = \frac{\partial^2 U(x, y)}{\partial y \partial x}, \quad \frac{\partial Q(x, y)}{\partial x} = \frac{\partial^2 U(x, y)}{\partial x \partial y} \tag{3.42}$$

がそれぞれ得られる. ここで, $P(x, y)$ と $Q(x, y)$ は $C^1$-級より, $U(x, y)$ は 2 階の連続な偏導関数をもつ（$C^2$-級の関数）ので, (3.42) 式の 2 式の右辺は微分する順序によらないから等しく, (3.41) 式が成立する.

(II)　（十分条件）

(3.41) 式が成立しているとき, (3.39) 式を満足する関数 $U(x, y)$ が存在することを示せばよい. ここでは, $U(x, y)$ を具体的に求める（偏微分方程式を解く）ことを試みる. まず, (3.39) 式の第 1 式：

$$P(x, y) = \frac{\partial U(x, y)}{\partial x}$$

の表していることは, 以下の通りである.

　　「ある 2 変数関数 $U(x, y)$ について, 変数 $y$ を定数とみて $x$ で微分すれ
　　ば, $P(x, y)$ が得られた.」

---

[10] この式の意味は, 両辺が $x$ と $y$ の関数として等しくなるということであり, 方程式の意味ではない.

これを逆にすると，以下の表現となる.

> 「与えられた 2 変数関数 $P(x, y)$ について，<u>変数 $y$ を定数とみて $x$ で積
> 分すれば，$U(x, y)$ が得られる.</u>」

この逆の過程について，$xy$ 平面上の $P(x, y)$ と $Q(x, y)$ の定義域内のある点
$(x_0, y_0)$ を固定し，式で表現すれば，

$$U(x, y) = \int_{x_0}^{x} P(\xi, y)\, d\xi + g(y) \quad (g(y) \text{ は } y \text{ のみを変数とする任意関数})$$

$$\tag{3.43}$$

となる．ここで，$y$ のみの関数 $g(y)$ が入っているのは，この式の両辺を $x$ で
偏微分したときに（$g(y)$ には $x$ が入っていないので）0 となる項として存在す
る可能性があるからである．未知関数は $g(y)$ なので，(3.43) 式の $U(x, y)$ が
(3.39) 式の第 2 式：

$$Q(x, y) = \frac{\partial U(x, y)}{\partial y}$$

を満足するように $g(y)$ を決めればよい．(3.43) 式の両辺を $y$ で偏微分すると，

$$
\begin{aligned}
\frac{\partial U(x, y)}{\partial y} &= \frac{\partial}{\partial y} \int_{x_0}^{x} P(\xi, y)\, d\xi + \frac{dg(y)}{dy} \\
&= \int_{x_0}^{x} \left( \frac{\partial P(\xi, y)}{\partial y} \right) d\xi + \frac{dg(y)}{dy} \\
&= \int_{x_0}^{x} \left( \frac{\partial Q(\xi, y)}{\partial \xi} \right) d\xi + \frac{dg(y)}{dy} \\
&= \left[ Q(\xi, y) \right]_{x_0}^{x} + \frac{dg(y)}{dy} \\
&= Q(x, y) - Q(x_0, y) + \frac{dg(y)}{dy} \\
&= Q(x, y)
\end{aligned}
$$

$$\tag{3.44}$$

より，

$$\frac{dg(y)}{dy} = Q(x_0, y) \tag{3.45}$$

が得られる. ただし, (3.44) 式の変形の過程において, $P(x,y)$ が $C^1$-級であることから微分と積分の順序を交換できること, および (3.41) 式が成立していることを用いた. (3.45) 式を $y$ について積分し,

$$g(y) = \int_{y_0}^{y} Q(x_0, \eta) \, d\eta$$

が得られるので, (3.39) 式を満足する

$$U(x,y) = \int_{x_0}^{x} P(\xi, y) \, d\xi + \int_{y_0}^{y} Q(x_0, \eta) \, d\eta \tag{3.46}$$

が存在し, (3.37) 式は完全微分形である.  □

　以上から, (3.41) 式を満足する $C^1$-級の関数 $P(x,y)$ と $Q(x,y)$ に対して, 完全微分形の微分方程式の一般解は

> **ステップ 2：公式**  **完全微分形の微分方程式の一般解 (1)**
>
> $$U(x,y) = \int_{x_0}^{x} P(\xi, y) \, d\xi + \int_{y_0}^{y} Q(x_0, \eta) \, d\eta = C \quad (C \text{ は任意定数})$$
> $$\tag{3.47}$$

で与えられる.

（注意）　上記の十分条件の証明で, $U(x,y)$ を具体的に求める上で, (3.39) 式の第1式から始めたが, 第2式から始めてもよい. その場合には, 先に $Q(x,y)$ を $y$ で積分し, その後で (3.39) 式の第1式から $x$ で偏微分して得られた $x$ のみの関数を積分するという手順になる. 得られた一般解は

> **ステップ 2：公式**  **完全微分形の微分方程式の一般解 (2)**
>
> $$U(x,y) = \int_{y_0}^{y} Q(x, \eta) \, d\eta + \int_{x_0}^{x} P(\xi, y_0) \, d\xi = C \quad (C \text{ は任意定数})$$
> $$\tag{3.48}$$

となる.

──**例題 3.7**──

微分方程式 $\log(\cos y)\, dx - x \tan y\, dy = 0$ を解け.

**解答** $P(x, y) = \log(\cos y)$, $Q(x, y) = -x \tan y$ とおいて, 完全微分形であるかどうかを確認する.

$$\frac{\partial P(x, y)}{\partial y} = -\tan y,$$

$$\frac{\partial Q(x, y)}{\partial x} = -\tan y$$

より. (3.41) 式を満足するので完全微分形である. 従って, (3.47) 式から,

$$U(x, y) = \int_{x_0}^{x} \log(\cos y)\, d\xi + \int_{y_0}^{y} (-x_0 \tan \eta)\, d\eta$$

$$= \Big[\xi \log(\cos y)\Big]_{x_0}^{x} + \Big[x_0 \log(\cos \eta)\Big]_{y_0}^{y}$$

$$= \{x \log(\cos y) - x_0 \log(\log y)\} + \{x_0 \log(\cos y) - x_0 \log(\cos y_0)\}$$

$$= x \log(\cos y) - x_0 \log(\cos y_0) = c \quad (c \text{ は任意定数}) \tag{3.49}$$

が得られる. これから,

$$x \log(\cos y) = C \quad (C \text{ は任意定数})$$

が求まる. ただし, $C = c + x_0 \log(\cos y_0)$ とおいた. □

ここで注意することは, (3.49) 式の最後の式において, 変数 $x_0$ と変数 $y$ の 2 変数関数 ($V(x_0, y)$ の形の関数) が相殺されて消去されていることを確認することである. そのような関数が消えていない場合には, 間違いであることがチェックできる.

✅ **チェック問題 3.4** 微分方程式 $(2e^{2x}y^2 + 3x^2 y)\, dx + (2e^{2x}y + x^3)\, dy = 0$ を解け.

# 3.6　積分因子を用いて完全微分系に変形する解法
## ―変形により完全微分形が与えられるパターン

### ━━ 積分因子を用いて完全微分系に変形する解法 ━━

　前節で取り上げた微分方程式 $P(x,y)\,dx + Q(x,y)\,dy = 0$ はいつでも完全微分形であるとは限らない．完全微分形でない場合には，1 階非同次線形微分方程式の解法で紹介した積分因子を求めることによって，完全微分形にできる場合がある．ここでは，積分因子が得られるいくつかの場合を紹介する．基本的には微分方程式の両辺に適当な関数をかけて完全微分形になる条件を調べるという手順である．

　前節の (3.37) 式で表される微分方程式のうち完全微分形でない，すなわち，

$$\frac{\partial P(x,y)}{\partial y} \neq \frac{\partial Q(x,y)}{\partial x}$$

の場合を取り上げる．この式の両辺に適当な 2 変数関数 $\mu(x,y)$ をかけると，

**ステップ 1：キーポイント**　　**積分因子を両辺にかける**

$$\mu(x,y)P(x,y)\,dx + \mu(x,y)Q(x,y)\,dy = 0$$

となるが，ここで，改めて

$$\mu(x,y)P(x,y) = \tilde{P}(x,y),$$
$$\mu(x,y)Q(x,y) = \tilde{Q}(x,y)$$

とおいて，微分方程式

$$\tilde{P}(x,y)\,dx + \tilde{Q}(x,y)\,dy = 0 \tag{3.50}$$

が完全微分形となる条件

$$\frac{\partial \tilde{P}(x,y)}{\partial y} = \frac{\partial \tilde{Q}(x,y)}{\partial x}$$

から，

$$\mu(x,y)\left(\frac{\partial P(x,y)}{\partial y} - \frac{\partial Q(x,y)}{\partial x}\right)$$

$$= Q(x,y)\frac{\partial \mu(x,y)}{\partial x} - P(x,y)\frac{\partial \mu(x,y)}{\partial y} \tag{3.51}$$

が求まる. 従って, (3.51) 式を満足する関数 $\mu(x,y)$ が求まれば, (3.50) 式が完全微分形となる. このときの関数 $\mu(x,y)$ を微分方程式：(3.37) 式の**積分因子**という. しかしながら (3.51) 式は偏微分方程式であり, 一般にその解を求めることは困難であるので, ここでは解ける場合の例をいくつか紹介する.

(I) 積分因子 $\mu(x,y)$ が $x$ のみの関数 $\mu(x)$ である場合

(3.51) 式の右辺が, $Q(x,y)\dfrac{d\mu(x)}{dx}$ となるから, その場合の (3.51) 式の両辺を $Q(x,y)$ で割った式は,

$$\frac{d\mu(x)}{dx} = \mu(x)\left(\frac{\partial P(x,y)}{\partial y} - \frac{\partial Q(x,y)}{\partial x}\right)\left(\frac{1}{Q(x,y)}\right) \tag{3.52}$$

となる. この式の左辺は $x$ のみの関数なので, 右辺も $x$ のみの関数

---

**ステップ2：キーポイント** **積分因子が $x$ のみの関数となるための条件**

$$\left(\frac{\partial P(x,y)}{\partial y} - \frac{\partial Q(x,y)}{\partial x}\right)\left(\frac{1}{Q(x,y)}\right) = g(x) \tag{3.53}$$

---

となることが条件であり, この式は $\mu(x)$ に関する変数分離形の微分方程式

$$\frac{d\mu(x)}{dx} = g(x)\mu(x)$$

である. この式から積分因子 $\mu(x)$ を求めて, この積分因子のかけられた完全微分形の (3.50) 式から一般解を求めればよい.

(II) 積分因子 $\mu(x,y)$ が $y$ のみの関数 $\mu(y)$ である場合

$\dfrac{\partial \mu(y)}{\partial x} = 0$ より, (3.51) 式の右辺が, $-P(x,y)\dfrac{d\mu(y)}{dy}$ となるから, その場合 (3.51) 式の両辺を $-P(x,y)$ で割った式は,

$$\frac{d\mu(y)}{dy} = \mu(y)\left(\frac{\partial Q(x,y)}{\partial x} - \frac{\partial P(x,y)}{\partial y}\right)\left(\frac{1}{P(x,y)}\right) \tag{3.54}$$

となる．この式の左辺は $y$ のみの関数なので，右辺も $y$ のみの関数

| ステップ3：キーポイント | 積分因子が $y$ のみの関数となるための条件 |
| --- | --- |

$$\left(\frac{\partial Q(x,y)}{\partial x} - \frac{\partial P(x,y)}{\partial y}\right)\left(\frac{1}{P(x,y)}\right) = h(y) \qquad (3.55)$$

となることが条件であり，この式は $\mu(y)$ に関する変数分離形の微分方程式

$$\frac{d\mu(y)}{dy} = h(y)\mu(y)$$

である．この式から積分因子 $\mu(y)$ を求めて，この積分因子のかけられた完全微分形の (3.50) 式から一般解を求めればよい．

---**例題 3.8**---

微分方程式 $2(y - 2\log x)\,dx + x\,dy = 0$ を解け．

**解答**

$$P(x,y) = 2(y - 2\log x), \quad Q(x,y) = x$$

とおいて，完全微分形であるかどうかを確認する．

$$\frac{\partial P(x,y)}{\partial y} = 2,$$

$$\frac{\partial Q(x,y)}{\partial x} = 1$$

より完全微分形ではない．一方，

$$\left(\frac{\partial P(x,y)}{\partial y} - \frac{\partial Q(x,y)}{\partial x}\right)\left(\frac{1}{Q(x,y)}\right) = \frac{1}{x}$$

より，$x$ のみの関数であるので，積分因子 $\mu(x)$ に関する変数分離形の微分方程式

$$\frac{d\mu(x)}{dx} = \frac{1}{x}\mu(x)$$

が得られる．これから，

$$\mu(x) = cx \quad (c \text{ は任意定数})$$

が求まるが，$c = 1$ として，$\mu(x) = x$ とする．与式の両辺に $x$ をかけた式は，

$$2x(y - 2\log x)\,dx + x^2\,dy = 0$$

となるが，これは完全微分形であることがわかる．従って，一般解は

$$
\begin{aligned}
U(x, y) &= \int_{x_0}^{x} (2\xi y - 4\xi \log \xi)\,d\xi + \int_{y_0}^{y} x_0^2\,d\eta \\
&= \left[\xi^2 y - 2\xi^2 \log \xi + \xi^2\right]_{x_0}^{x} + \left[x_0^2 \eta\right]_{y_0}^{y} \\
&= \{(x^2 y - 2x^2 \log x + x^2) - (x_0^2 y - 2x_0^2 \log x_0 + x_0^2)\} \\
&\qquad + (x_0^2 y - x_0^2 y_0) \\
&= x^2 y - 2x^2 \log x + x^2 + 2x_0^2 \log x_0 - x_0^2 - x_0^2 y_0 \\
&= c \quad (c \text{ は任意定数})
\end{aligned}
$$

から，

$$x^2 y - 2x^2 \log x + x^2 = C \quad (C \text{ は任意定数})$$

となる．ただし，

$$C = c - 2x_0^2 \log x_0 + x_0^2 + x_0^2 y_0$$

とおいた． □

✅ **チェック問題 3.5** 微分方程式 $y\,dx + (y^2 \cos y - x)\,dy = 0$ を解け．

# 3.7 非正規形微分方程式
## —パラメータを導入して解を記述するパターン

━━━ **非正規形微分方程式の解の構造とパラメータを導入した表現** ━━━

　非正規形微分方程式では，方程式によって $y'$ の値が一意的に決まらない場合がある．従って $xy$ 平面上のある点における接線の傾きが複数個の場合があるので，複数の解曲線が交差することになる．また非正規形微分方程式では，特異解が存在することがある．この特異解を求める上で，パラメータ（媒介変数）を導入して解を記述することが有効である．この節では，具体的な例として，クレーローの微分方程式を取り上げて，一般解と特異解の関係について説明する．

　**非正規形微分方程式**について，具体的な例として

$$\left(\frac{dy}{dx}\right)^2 - 4y = 0$$

を取り上げて考察しよう．この式から $\dfrac{dy}{dx}$ を求めると，

$$\frac{dy}{dx} = \pm 2\sqrt{y} \tag{3.56}$$

が得られるので，$xy$ 平面上のある点 $(x, y)$ $(y > 0)$ における解曲線の接線の傾きが $\pm 2\sqrt{y}$ の2通り得られることになる．これらの各点で接線の傾きが2通りずつあるので，それぞれから解曲線群は2通り存在し，2つの曲線群が各点で交差する[11]．この例での曲線群を具体的に求めると，(3.56) 式は変数分離形なので，一般解として

$$\sqrt{y} = \pm(x + C) \quad (C \text{ は任意定数})$$

より，

---

[11) 同じ初期条件から決定される解は一意ではない．

$$y = (x + C)^2 \tag{3.57}$$

が得られる.

一方, これに対して, もとの微分方程式 (3.56) 式には, $y = 0$ という解が存在することは, これをそのまま代入してみれば明らかである. この $y = 0$ という解は, (3.57) 式の

**ステップ1：キーポイント　非正規形微分方程式における特異解**

一般解の任意定数 $C$ にどんな値を代入しても得られない解であり, **特異解**とよばれる.

また, 一般解の解曲線群は, $x = -C$ のときに $x$ 軸と接するが, 例えば

$$\begin{cases} y = (x + C)^2 & (x < -C) \\ y = 0 & (x \geq -C) \end{cases} \tag{3.58}$$

のように, 一般解と特異解が点 $(-C, 0)$ において結合したものも解になることに注意しよう.

次に, この特異解について具体的な例をもとに説明しよう.

$$y = x\frac{dy}{dx} + g\left(\frac{dy}{dx}\right) \tag{3.59}$$

の形の微分方程式を**クレーローの微分方程式**という. (3.59) 式において,

**ステップ1：キーポイント　クレーローの微分方程式の解法**

新しい変数 $p(x) = \dfrac{dy}{dx}$ を導入し, 合成関数の微分を用いて両辺を $x$ で微分する.

$$p = p + xp' + \frac{dg(p)}{dp}p'$$

であるので,

$$p'\left(x + \frac{dg(p)}{dp}\right) = 0 \tag{3.60}$$

となる. これから2つの微分方程式

$$p' = 0 \tag{3.61}$$

$$x + \frac{dg(p)}{dp} = 0 \tag{3.62}$$

が得られる.(3.61) 式からは,$p = C$（$C$ は任意定数）が得られるので,これをもとの微分方程式 (3.59) 式に代入することにより,

---

**ステップ 2 : 公式**　**クレーローの方程式の一般解**

$$y = Cx + g(C) \quad （C は任意定数） \tag{3.63}$$

---

が一般解として得られる.

もう一方の微分方程式 (3.62) 式については,

---

**ステップ 3 : キーポイント**　**クレーローの方程式の特異解のパラメータ表示を導入した表現**

変数 $p$ をパラメータとした表示形 $\begin{cases} x = \chi(p) \\ y = \psi(p) \end{cases}$ で特異解が与えられる.

---

すなわち,(3.62) 式から $x$ についての式,それを (3.59) 式に代入して $y$ についての式

$$\begin{cases} x = -\dfrac{dg(p)}{dp} \\[2mm] y = -\dfrac{dg(p)}{dp}p + g(p) \end{cases} \tag{3.64}$$

が得られるが,任意定数が含まれておらず,特異解である[12].

---

**━━ 例題 3.9 ━━**

微分方程式 $y = xp + 2p + p^2 \left( p = \dfrac{dy}{dx} \right)$ を解け.

---

**解答**　与式の両辺を $x$ で微分して整理すると,

$$p'(x + 2 + 2p) = 0$$

---

[12] 特殊解（一般解の任意定数に数を代入して得られる解）と混同しないように注意しよう.

が得られる. $p' = 0$ より, $p = C$($C$ は任意定数)で, 与式に代入すれば, 一般解は

$$y = Cx + 2C + C^2 \quad (C \text{ は任意定数})$$

である. 一方, $x + 2 + 2p = 0$ からは, $p$ をパラメータとする表示として,

$$\begin{cases} x = -2 - 2p \\ y = (-2 - 2p)p + 2p + p^2 = -p^2 \end{cases}$$

が得られるが, この 2 式から $p$ を消去すれば, 特異解

$$y = -\frac{1}{4}(x + 2)^2$$

が得られる. 一般解の任意定数 $C$ にいくつかの値を代入した特殊解と特異解の解曲線群を図 3.3 に示す. 特異解のグラフは, すべての特殊解に接していることがわかる.

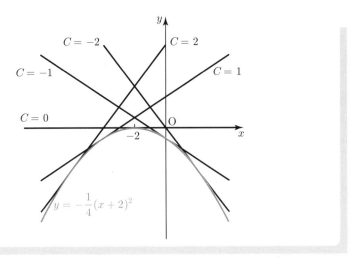

図 **3.3** 例題 3.9 の微分方程式の特殊解と特異解の解曲線群

　パラメータを含んでいる関数について，パラメータを変化させて得られる曲線群のすべてに接するような曲線を**包絡線**とよぶ．パラメータを $C$ とする $xy$ 平面上の曲線群 $\varphi(x, y, C) = 0$ の包絡線の方程式は，連立方程式

$$\begin{cases} \dfrac{\partial \varphi}{\partial C} = 0 \\ \varphi(x, y, C) = 0 \end{cases} \tag{3.65}$$

を解いて与えられる．クレーローの微分方程式における一般解 (3.63) 式から任意定数 $C$ をパラメータとする関数

$$\varphi(x, y, C) = Cx + g(C) - y \tag{3.66}$$

を定義すると，包絡線の方程式を求める条件 (3.65) 式は，

$$\begin{cases} \dfrac{\partial \varphi}{\partial C} = x + \dfrac{dg(C)}{dC} = 0 \\ \varphi(x, y, C) = Cx + g(C) - y = 0 \end{cases} \tag{3.67}$$

となり，この式でパラメータ $C$ を $p$ にかえて，第 1 式の $x$ を第 2 式に代入したものを考えれば，(3.64) 式に等しくなる．このことからも，一般解の解曲線群の包絡線が特異解の解曲線であることがわかる．

✅ **チェック問題 3.6**　微分方程式 $y = xp - p + \sqrt{1 + p^2}\ \left( p = \dfrac{dy}{dx} \right)$ を解け．また，一般解の任意定数に $0, \pm 1, \pm 2$ を代入した解の解曲線と特異解の解曲線を同じ $xy$ 平面上に図示せよ．

# 3 章の演習問題

(解答は，https://www.saiensu.co.jp の本書のサポートページを参照)

☐ **1** 次の微分方程式を解け.

(1) $y' = \dfrac{2xe^{x^2 - y^3}}{3y^2}$ 　　　(2) $y' = \sqrt{\dfrac{1 - y^2}{4 - x^2}}$

(3) $2e^y y' = 4x^3 - 2e^y + 8x^3 e^y - 1$ 　　　(4) $xy' = y(y + 1)$

(5) $y' = e^{-\frac{y}{x}} + \dfrac{y}{x}$ 　　　(6) $y' = -\dfrac{4xy}{2x^2 + y^2}$

(7) $y' = \dfrac{x - y - 1}{x + 2y + 2}$ 　　　(8) $y' = \dfrac{2x - 2y - 1}{x - y - 2}$

☐ **2** 次の (1)～(4) の 1 階非同次線形微分方程式について，(1), (2) は積分因子を求める方法，(3), (4) は定数変化法を利用する方法で解け. また，(5), (6) のベルヌーイの微分方程式を解け.

(1) $y' + \dfrac{5}{x} y = \dfrac{2}{x^6}$ 　　　(2) $y' - (\tan x) y = 3 \sin^2 x$

(3) $y' + \dfrac{2x}{x^2 - 1} y = \dfrac{2}{x}$ 　　　(4) $y' - 2xy = 2e^{x^2 + 2x}$

(5) $y' + \dfrac{y}{2} = e^{-x} y^3$ 　　　(6) $y' + \dfrac{2x}{3} y = 2xy^4$

☐ **3** 次の微分方程式を解け.

(1) $(2xy^2 + 3x^2 y + 1)\, dx + (x^3 + 2x^2 y + 3y^2)\, dy = 0$

(2) $(e^y \sin x + e^{-x} \cos y - 2x)\, dx + (e^{-x} \sin y - e^y \cos x + \log y)\, dy = 0$

(3) $(2y^3 + 6xy)\, dx + (3xy^2 + 2x^2)\, dy = 0$

(4) $y(e^{-x} - xe^{-x})\, dx + 2xe^{-x}\, dy = 0$

☐ **4** 次のクレーローの微分方程式を解け. ただし，$p = \dfrac{dy}{dx}$ とする.

(1) $y = xp + \dfrac{2}{p}$ 　　　(2) $y = xp - 2e^p$

# 第4章
# 2階定数係数線形微分方程式

　フックの法則に従うバネとダッシュポット（摩擦器）が入った力学的な振動系，コイル，抵抗，コンデンサーの入った電気回路（RLC回路）など，物理学や工学で頻繁に現れる現象は，定数係数の2階線形微分方程式で記述される．また非同次方程式は振動力学系における強制振動や電気回路に起電力が入った系の方程式として重要である．この章ではまず同次方程式の解法について説明する．次に非同次線形方程式の具体的な解法について，確立されているいくつかの方法に焦点をしぼり紹介する．それぞれの解法には，利用する上で一長一短があるので，それらをマスターした上で，各自が方程式の形によって選択することが重要である．

## 4.1 定数係数2階同次線形微分方程式の解
### —特性方程式から基本解を求め，一般解を構成するパターン

■ **定数係数2階同次線形微分方程式** ■

定数係数2階同次線形微分方程式の一般解は，特性方程式とよばれる2次方程式の解を用いた基本解の1次結合で与えられる．この2次方程式の解が重解である場合の基本解の求め方や，解が虚数である場合に，複素関数のかわりに実関数で解を表現する方法を習得することによって，物理や工学などへの応用ができるようになる．そのためには，線形代数学の知識をもとにした，同次線形微分方程式の解の構造についての基礎知識を理解することが重要である．

定数係数2階同次線形微分方程式は，$a, b$ を実定数として，

$$y'' + ay' + by = 0 \tag{4.1}$$

と表される．$a$ を実定数とする1階の定数係数1階同次線形微分方程式

$$y' + ay = 0$$

の解が $y = Ce^{-ax}$（$C$ は任意定数）であることをもとにして，(4.1) 式の解として，

$$y = e^{\lambda x} \tag{4.2}$$

の形を仮定してみよう．これを (4.1) 式に代入すれば，

$$(\lambda^2 + a\lambda + b)e^{\lambda x} = 0$$

となるが，$e^{\lambda x} \neq 0$ であることから[1]，

| ステップ1：キーポイント | **特性方程式** |
|---|---|

$$\lambda^2 + a\lambda + b = 0 \tag{4.3}$$

が得られる．この2次方程式 (4.3) 式を (4.1) 式の**特性方程式**という．特性方

---

[1] $\lambda$ が複素数のときも0にならないことは，第1章の (1.14) 式からわかる．

程式の解は，実定数 $a, b$ に対する条件により，次の 3 つの場合に分けられる．

(i) $a^2 - 4b > 0$ の場合

相違なる 2 実数解 $\lambda_1, \lambda_2$ が得られるので，これらの解を用いた，$e^{\lambda_1 x}$ と $e^{\lambda_2 x}$ は (4.1) 式の解である．

(ii) $a^2 - 4b = 0$ の場合

重解 $\lambda_1 = \lambda_2 = \lambda_0$ が得られるので，この解を用いた，$e^{\lambda_0 x}$ は (4.1) 式の解である．

(iii) $a^2 - 4b < 0$ の場合

虚数解 $\alpha \pm i\beta$ $(\beta \neq 0)$ が得られるので，これらの解を用いた，$e^{(\alpha+i\beta)x}$ と $e^{(\alpha-i\beta)x}$ は (4.1) 式の解である．

これらから，それぞれの場合に (4.1) 式の一般解を構成するのであるが，定数係数 2 階同次線形微分方程式の一般解には任意定数が 2 個含まれる[2]．1.4 節の線形代数学の復習の中の同次連立 1 次方程式の解空間に関する説明で，一般解は 1 次独立なベクトル（基本解）の 1 次結合で与えられることを確認した．この考え方をもとに，定数係数 2 階同次線形微分方程式の一般解が 2 つの基本解の 1 次結合で与えられることを説明する．まず関数の 1 次独立，1 次従属から説明していこう．

ある区間 $I$ で定義された恒等的に 0 でない 2 つの $C^2$-級の関数 $F_1(x), F_2(x)$ について，**1 次関係**

$$c_1 F_1(x) + c_2 F_2(x) \equiv 0 \tag{4.4}$$

を考え，区間 $I$ のすべての $x$ について恒等的に満足するような定数 $c_1, c_2$ を求める．もし $c_1 = c_2 = 0$ 以外の定数 $c_1, c_2$ が存在して，1 次関係 (4.4) 式を満足するとき，関数 $F_1(x)$ と $F_2(x)$ は **1 次従属**であるという．すなわち，1 次従属とは，2 次元のベクトルの場合と同様に，区間 $I$ で一方が他方の定数倍（$k$ $(\neq 0)$ 倍）となっていることを示す次の式

---

[2] 解を得るために形式的に 2 回不定積分を行うことによる．

| ステップ2：キーポイント | **2つの関数が1次従属であること** |
|---|---|

$$F_1(x) \equiv k F_2(x), \ \text{もしくは} \quad F_2(x) \equiv k F_1(x) \tag{4.5}$$

を満たす定数 $k$ が存在することである．一方，**1次独立**とは，区間 $I$ で恒等的に1次関係が成り立つような定数が $c_1 = c_2 = 0$ だけの場合である[3]．

ここで，(4.4) 式の両辺を $x$ で微分した式 $c_1 F_1'(x) + c_2 F_2'(x) \equiv 0$ と (4.4) 式から未知数を $c_1, c_2$ とする連立1次方程式は，

$$\begin{pmatrix} F_1(x) & F_2(x) \\ F_1'(x) & F_2'(x) \end{pmatrix} \begin{pmatrix} c_1 \\ c_2 \end{pmatrix} \equiv \begin{pmatrix} 0 \\ 0 \end{pmatrix} \tag{4.6}$$

となるが，係数行列 $A(x) = \begin{pmatrix} F_1(x) & F_2(x) \\ F_1'(x) & F_2'(x) \end{pmatrix}$ の行列式 $|A(x)|$ を

| ステップ2：キーポイント | **ロンスキアン** |
|---|---|

$$|A(x)| = W[F_1(x), F_2(x)]$$
$$= \begin{vmatrix} F_1(x) & F_2(x) \\ F_1'(x) & F_2'(x) \end{vmatrix} = F_1(x) F_2'(x) - F_2(x) F_1'(x) \tag{4.7}$$

と定義する．この関数行列式 $W[F_1(x), F_2(x)]$ を**ロンスキー行列式**もしくは**ロンスキアン**[4]といい，このロンスキアンを計算することにより，

| ステップ2：キーポイント | **ロンスキアンと1次独立** |
|---|---|

区間 $I$ で $W[F_1(x), F_2(x)] \neq 0$ であれば，$A(x)$ の逆行列 $A(x)^{-1}$ が存在するので，(4.4) 式を満足する定数 $c_1, c_2$ は $c_1 = c_2 = 0$ のみであり，$F_1(x)$ と $F_2(x)$ は1次独立である

ことが示される．また，

$$W[F_1(x), F_2(x)] = F_1(x) F_2'(x) - F_2(x) F_1'(x)$$
$$= F_1(x)^2 \left( \frac{F_2(x)}{F_1(x)} \right)' = -F_2(x)^2 \left( \frac{F_1(x)}{F_2(x)} \right)' \equiv 0$$

---

[3] ベクトルの場合と同様に自明な1次関係という．

[4] 本書では，ロンスキアンに統一する．

のとき，$\dfrac{F_2(x)}{F_1(x)} \equiv k$ もしくは $\dfrac{F_1(x)}{F_2(x)} \equiv k$（$k$ は実定数）である．また，1 次従

属であるとき，(4.5) 式の

$$F_1(x) \equiv kF_2(x)$$

と，この式を微分した式

$$F_1'(x) \equiv kF_2'(x)$$

から，$k$ を消去すれば，

$$F_1(x)F_2'(x) - F_2(x)F_1'(x) = W[F_1(x), F_2(x)] \equiv 0$$

が得られる．従って，$F_1(x)$ と $F_2(x)$ が 1 次従属であることと，

$$W[F_1(x), F_2(x)] \equiv 0$$

であることは同値であることがわかる．

最後に，2 つの関数 $y_1$ と $y_2$ が (4.1) 式の解であるときに，その 1 次結合

$$c_1 y_1 + c_2 y_2 \quad (c_1,\, c_2 \text{ は任意定数})$$

も (4.1) 式の解となることを示しておこう[5]．これを**解の重ね合わせが可能で**あるという．

$$(c_1 y_1 + c_2 y_2)'' + a(c_1 y_1 + c_2 y_2)' + b(c_1 y_1 + c_2 y_2)$$
$$= (c_1 y_1'' + c_2 y_2'') + a(c_1 y_1' + c_2 y_2') + b(c_1 y_1 + c_2 y_2)$$
$$= c_1(y_1'' + ay_1' + by_1) + c_2(y_2'' + ay_2' + by_2)$$
$$= 0$$

以上より，定数係数 2 階同次線形微分方程式 (4.1) 式の 1 次独立な 2 つの解を (4.1) 式の**基本解**もしくは**基本系**という[6]．$y_1$ と $y_2$ が (4.1) 式の基本解であるとき，定数係数 2 階同次線形微分方程式の一般解は，

**ステップ 3：キーポイント**　**定数係数 2 階同次線形微分方程式の一般解**

$$y = C_1 y_1 + C_2 y_2 \quad (C_1,\, C_2 \text{ は任意定数}) \tag{4.8}$$

で与えられる．

---

[5] 1.4 節の同次連立 1 次方程式の場合と同じである．

[6] 本書では，基本解に統一する．

次に，特性方程式 (4.3) 式を解いて得られた解から，分類されたそれぞれの場合に (4.1) 式の基本解と一般解を求める．

(i)　$a^2 - 4b > 0$ の場合

2 つの解 $e^{\lambda_1 x}$ と $e^{\lambda_2 x}$ の比が定数とならないことは明らかである．また，ロンスキアンを計算すると，

$$W[e^{\lambda_1 x}, e^{\lambda_2 x}] = \begin{vmatrix} e^{\lambda_1 x} & e^{\lambda_2 x} \\ \lambda_1 e^{\lambda_1 x} & \lambda_2 e^{\lambda_2 x} \end{vmatrix}$$

$$= (\lambda_2 - \lambda_1) e^{(\lambda_1 + \lambda_2) x}$$

$$\neq 0 \tag{4.9}$$

より，$e^{\lambda_1 x}$ と $e^{\lambda_2 x}$ は 1 次独立であり，(4.1) 式の基本解である．従って，一般解は

> **ステップ 4：公式**　$a^2 - 4b > 0$ **の場合の一般解**
>
> $$y = C_1 e^{\lambda_1 x} + C_2 e^{\lambda_2 x} \quad (C_1, C_2 \text{ は任意定数})$$

で与えられる．

---**例題 4.1**---

同次線形微分方程式 $y'' + 11y' - 12y = 0$ を解け．

---

**解答**　特性方程式は

$$\lambda^2 + 11\lambda - 12 = (\lambda - 1)(\lambda + 12) = 0$$

となるので，解は 1 と $-12$ である．従って，基本解は $e^x$ と $e^{-12x}$ であるので，一般解は

$$y = C_1 e^x + C_2 e^{-12x} \quad (C_1, C_2 \text{ は任意定数})$$

である．　　　　　　　　　　　　　　　　　　　　　　　　　　□

✅ **チェック問題 4.1**　同次線形微分方程式 $y'' + 7y' + 12y = 0$ を解け．

(ii) $a^2 - 4b = 0$ の場合

特性方程式の解 $\lambda_0$ は重解なので, $e^{\lambda_0 x}$ は1つの解である. 従って, $e^{\lambda_0 x}$ と1次独立なもう1つの解を求める必要がある. ここでは, 第3章の1階非同次線形微分方程式の解法で用いた定数変化法を利用する.

$e^{\lambda_0 x}$ の定数倍 $ce^{\lambda_0 x}$ も (4.1) 式の解であるので, この定数を $x$ の関数 $z(x)$ として,

$$y = z(x)e^{\lambda_0 x} \tag{4.10}$$

とおく. これから, 両辺の1階微分, 2階微分

$$y' = z'e^{\lambda_0 x} + z\lambda_0 e^{\lambda_0 x}, \quad y'' = z''e^{\lambda_0 x} + 2z'\lambda_0 e^{\lambda_0 x} + z\lambda_0^2 e^{\lambda_0 x}$$

を求めて, $y, y', y''$ を (4.1) 式に代入すると,

$$\{z'' + (2\lambda_0 + a)z' + (\lambda_0^2 + a\lambda_0 + b)\}e^{\lambda_0 x} = 0$$

が得られる. ここで, $e^{\lambda_0 x} \neq 0$ であり, また $\lambda_0$ が特性方程式の解であることから, $\lambda_0^2 + a\lambda_0 + b = 0$ および解と係数の関係 $2\lambda_0 = -a$ が成立しているので,

$$z'' = 0$$

となる. この式を2回積分することにより, $C_1, C_2$ を任意定数として,

$$z = C_1 + C_2 x$$

が得られるので, (4.10) 式に代入すると, 一般解は

---

**ステップ4：公式** $\quad a^2 - 4b = 0$ **の場合の一般解**

$$y = (C_1 + C_2 x)e^{\lambda_0 x} \quad (C_1, C_2 \text{ は任意定数})$$

---

である. ここで, $e^{\lambda_0 x}$ と $xe^{\lambda_0 x}$ について, $y = xe^{\lambda_0 x}$ が (4.1) 式を満足すること, および $e^{\lambda_0 x}$ と $xe^{\lambda_0 x}$ の比が定数とならず, またロンスキアンを計算すると,

$$W[e^{\lambda_0 x}, xe^{\lambda_0 x}] = \begin{vmatrix} e^{\lambda_0 x} & xe^{\lambda_0 x} \\ \lambda_0 e^{\lambda_0 x} & (1 + \lambda_0 x)e^{\lambda_0 x} \end{vmatrix} = e^{2\lambda_0 x} \neq 0 \tag{4.11}$$

より1次独立であることから, $e^{\lambda_0 x}$ と $xe^{\lambda_0 x}$ は基本解である.

─例題 **4.2**─────────────────────────

同次線形微分方程式 $y'' + 8y' + 16y = 0$ を解け.

─────────────────────────────

**解答** 特性方程式は

$$\lambda^2 + 8\lambda + 16 = (\lambda + 4)^2 = 0$$

となるので, 解は $-4$ （重解）である. 従って, 基本解は $e^{-4x}$ と $xe^{-4x}$ であり, 一般解は

$$y = (C_1 + C_2 x)e^{-4x} \quad (C_1, C_2 \text{ は任意定数})$$

である. □

✅ **チェック問題 4.2** 同次線形微分方程式 $y'' - 12y' + 36y = 0$ を解け.

(iii) $a^2 - 4b < 0$ の場合

$\beta \neq 0$ である 2 つの解 $e^{(\alpha+i\beta)x}$ と $e^{(\alpha-i\beta)x}$ の比が定数とならない. またロンスキアンについては, (1.17) 式： $(e^{\lambda x})' = \lambda e^{\lambda x}$ により,

$$W\left[e^{(\alpha+i\beta)x}, e^{(\alpha-i\beta)x}\right] = \begin{vmatrix} e^{(\alpha+i\beta)x} & e^{(\alpha-i\beta)x} \\ (\alpha + i\beta)e^{(\alpha+i\beta)x} & (\alpha - i\beta)e^{(\alpha-i\beta)x} \end{vmatrix}$$

$$= -2i\beta e^{2\alpha x} \neq 0 \tag{4.12}$$

であるので, 2 つの解は 1 次独立で基本解である. 従って,

$$y = C_1 e^{(\alpha+i\beta)x} + C_2 e^{(\alpha-i\beta)x} \quad (C_1, C_2 \text{ は任意定数})$$

が数学的に正しい一般解として得られるが, ここで, $e^{(\alpha+i\beta)x}$ と $e^{(\alpha-i\beta)x}$ の基本解から実関数で表現される基本解を構成することを考える[7]. 基本解の 1 次結合も解となるので, (1.14) 式から,

$$\frac{1}{2}\left(e^{(\alpha+i\beta)x} + e^{(\alpha-i\beta)x}\right)$$

$$= \frac{1}{2}e^{\alpha x}\{(\cos\beta x + i\sin\beta x) + (\cos\beta x - i\sin\beta x)\}$$

$$= e^{\alpha x}\cos\beta x,$$

───────────────────

[7] 現実の物理現象を記述する微分方程式の解を取り扱う上では, 実関数で表現した方が直感的に把握しやすい場合が多い.

$$\frac{1}{2i}\left(e^{(\alpha+i\beta)x} - e^{(\alpha-i\beta)x}\right)$$

$$= \frac{1}{2i}e^{\alpha x}\{(\cos\beta x + i\sin\beta x) - (\cos\beta x - i\sin\beta x)\}$$

$$= e^{\alpha x}\sin\beta x$$

が得られる[8]. これらの2つの関数の比は定数とならず, またロンスキアンを計算すると,

$$W[e^{\alpha x}\cos\beta x, e^{\alpha x}\sin\beta x]$$

$$= \begin{vmatrix} e^{\alpha x}\cos\beta x & e^{\alpha x}\sin\beta x \\ e^{\alpha x}(\alpha\cos\beta x - \beta\sin\beta x) & e^{\alpha x}(\alpha\sin\beta x + \beta\cos\beta x) \end{vmatrix}$$

$$= \beta e^{2\alpha x} \neq 0 \tag{4.13}$$

であるので, 2つの解は1次独立で基本解である. 従って, 実関数表現の一般解として,

---

**ステップ4:公式** $a^2 - 4b < 0$ の場合の一般解 **(実関数での表式)**

$$y = e^{\alpha x}(C_1\cos\beta x + C_2\sin\beta x) \quad (C_1, C_2 \text{ は任意定数})$$

---

が得られる.

---
**例題 4.3**

同次線形微分方程式 $y'' - 2y' + 5y = 0$ を解け.

---

**解答** 特性方程式は

$$\lambda^2 - 2\lambda + 5 = \{\lambda - (1 + 2i)\}\{\lambda - (1 - 2i)\} = 0$$

となるので, 解は $1 \pm 2i$ である. 従って, 2つの基本解を $e^x\cos 2x$ と $e^x\sin 2x$ とすると, 一般解は

$$y = e^x(C_1\cos 2x + C_2\sin 2x) \quad (C_1, C_2 \text{ は任意定数})$$

である. □

**チェック問題 4.3** 同次線形微分方程式 $y'' - 4y' + 13y = 0$ を解け.

---

[8] 1次結合において, 複素数倍 $\dfrac{1}{2i}$ としている点に注意せよ.

　最後に，2 階定数係数線形微分方程式の基本解のロンスキアンについて補足しておこう．2 つの基本解 $y_1$ と $y_2$ は，

$$y_1'' + ay_1' + by_1 = 0, \quad y_2'' + ay_2' + by_2 = 0$$

を満足する．一方ロンスキアン $W[y_1, y_2]$ は $x$ の関数であるので，(4.7) 式を $y_1$ と $y_2$ に変えた式を微分し，上式の $y_1''$ と $y_2''$ を代入すると，

$$\begin{aligned}
\frac{dW}{dx} &= (y_1 y_2' - y_2 y_1')' \\
&= y_1 y_2'' - y_2 y_1'' \\
&= y_1(-ay_2' - by_2) - y_2(-ay_1' - by_1) \\
&= -a(y_1 y_2' - y_2 y_1') \\
&= -aW
\end{aligned}$$

であるが，この式は変数分離形の微分方程式であるので，積分すると

$$W[y_1, y_2] = Ce^{-ax} \quad (C は任意定数) \tag{4.14}$$

が得られる．この式において，$C \neq 0$ ならば $W[y_1, y_2]$ は決して零にはならない．従って，ある $x$ で $W[y_1, y_2] \neq 0$ であれば，微分方程式が定義されている区間のすべての $x$ で零にはならない．逆に，定義されている区間のある $x$ で零になれば，$W[y_1, y_2] \equiv 0$ である．このことは，高階線形微分方程式（変数係数の場合も含む）においても成立するが，それは第 5 章で説明する．

## 4.2 定数変化法による定数係数 2 階非同次線形微分方程式の解法
—同次方程式の一般解から積分によって特殊解を求めるパターン

=== **定数変化法による非同次方程式の解法** ===

この節では，定数係数 2 階非同次線形微分方程式を定数変化法を利用して解く方法について学ぶ．定数変化法は 1 階非同次線形微分方程式の解法で学んだが，その方法を 2 階微分方程式に拡張する．1 階の場合と同様に，最終的には不定積分を行う汎用的な解法であるが，第 1 章で学んだ線形代数学の考え方を利用して解法公式を導出する．

定数係数 2 階非同次線形微分方程式は，$a, b$ を実定数として，

$$y'' + ay' + by = q(x) \tag{4.15}$$

と表される．ここで，非同次項 $q(x)$ は恒等的に零ではない関数であるとする．この微分方程式の一般解を求める上で，同次線形微分方程式 (4.1) 式の一般解 (4.8) 式：$y = C_1 y_1 + C_2 y_2$ から**定数変化法**を利用して構成する．ここで，この同次線形微分方程式の一般解は (4.15) 式の**余関数**という．

定数変化法は，1 階非同次線形微分方程式を解く方法として紹介したが，基本的な考え方は同じである．同次線形微分方程式の一般解に含まれる任意定数 $C_1, C_2$ を $x$ の関数 $z(x)$ と $u(x)$ とそれぞれおきかえ，

**ステップ 1 : キーポイント** 　**定数変化法**

$$y = z(x)y_1 + u(x)y_2 \tag{4.16}$$

とおく．この式の両辺を微分して変形した

$$y' = (z'y_1 + zy_1') + (u'y_2 + uy_2') = (zy_1' + uy_2') + (z'y_1 + u'y_2) \tag{4.17}$$

において，

$$z'y_1 + u'y_2 = 0 \tag{4.18}$$

とする．この条件のもとでの (4.17) 式：$y' = zy_1' + uy_2'$ とこの式の両辺を微分した式

$$y'' = z'y_1' + zy_1'' + u'y_2' + uy_2''$$

および (4.16) 式をもとの非同次方程式に代入して整理すると，

$$z(y_1'' + ay_1' + by_1) + u(y_2'' + ay_2' + by_2) + (z'y_1' + u'y_2') = q(x)$$

となるが，$y_1$ と $y_2$ は同次方程式の基本解より，左辺の第1項と第2項は零となるので，

$$z'y_1' + u'y_2' = q(x) \tag{4.19}$$

が得られる．従って (4.18) 式と (4.19) 式から，未知数を $z'$, $u'$ とする連立1次方程式

$$\begin{pmatrix} y_1 & y_2 \\ y_1' & y_2' \end{pmatrix} \begin{pmatrix} z' \\ u' \end{pmatrix} = \begin{pmatrix} 0 \\ q(x) \end{pmatrix} \tag{4.20}$$

を解けばよいことになる．同次方程式の基本解 $y_1$ と $y_2$ のロンスキアン $W[y_1, y_2] \neq 0$ より，係数行列は正則行列なので，クラーメルの公式から，

$$\begin{pmatrix} z' \\ u' \end{pmatrix} = \begin{pmatrix} y_1 & y_2 \\ y_1' & y_2' \end{pmatrix}^{-1} \begin{pmatrix} 0 \\ q(x) \end{pmatrix} = \frac{1}{W[y_1, y_2]} \begin{pmatrix} -q(x)y_2 \\ q(x)y_1 \end{pmatrix} \tag{4.21}$$

が得られる．それぞれの行を積分すれば，

$$z = -\int \left\{ \frac{q(x)y_2}{W[y_1, y_2]} \right\} dx + C_1 \quad (C_1 \text{ は任意定数}),$$

$$u = \int \left\{ \frac{q(x)y_1}{W[y_1, y_2]} \right\} dx + C_2 \quad (C_2 \text{ は任意定数}) \tag{4.22}$$

となるので，これらを (4.16) 式に代入すれば，非同次方程式の一般解

---

**ステップ2：公式**　**非同次線形微分方程式の一般解**

$$y = (C_1 y_1 + C_2 y_2) - y_1 \int \left\{ \frac{q(x)y_2}{W[y_1, y_2]} \right\} dx + y_2 \int \left\{ \frac{q(x)y_1}{W[y_1, y_2]} \right\} dx$$

$$(C_1,\ C_2 \text{ は任意定数}) \tag{4.23}$$

---

が得られる[9]．この式からわかるように，2階非同次線形微分方程式の一般解

---

[9] ロンスキアンを計算するときの基本解 $y_1$, $y_2$ と (4.23) 式の $y_1$, $y_2$ を間違えて入れかえたりしないように注意しよう．

についても 1 階非同次線形微分方程式の一般解 (3.27) 式と同様に,

(非同次線形微分方程式の一般解)

= (同次線形微分方程式の一般解) + (非同次線形微分方程式の特殊解)

と表されることがわかる.

---**例題 4.4**---

非同次線形微分方程式 $y'' - 2y' - 3y = e^{2x}$ を解け.

---

**解答** 同次方程式の特性方程式は

$$\lambda^2 - 2\lambda - 3 = (\lambda + 1)(\lambda - 3) = 0$$

となるので,解は $-1$ と $3$ である. 従って,2 つの基本解を $y_1 = e^{-x}$ と $y_2 = e^{3x}$ とすると,ロンスキアンは

$$W[e^{-x}, e^{3x}] = \begin{vmatrix} e^{-x} & e^{3x} \\ -e^{-x} & 3e^{3x} \end{vmatrix} = 4e^{2x}$$

であるので,非同次方程式の一般解は (4.23) 式より

$$
\begin{aligned}
y &= (C_1 e^{-x} + C_2 e^{3x}) - e^{-x} \int \left( \frac{e^{2x} e^{3x}}{4e^{2x}} \right) dx + e^{3x} \int \left( \frac{e^{2x} e^{-x}}{4e^{2x}} \right) dx \\
&= (C_1 e^{-x} + C_2 e^{3x}) - e^{-x} \int \left( \frac{e^{3x}}{4} \right) dx + e^{3x} \int \left( \frac{e^{-x}}{4} \right) dx \\
&= (C_1 e^{-x} + C_2 e^{3x}) - e^{-x} \left( \frac{e^{3x}}{12} \right) + e^{3x} \left( -\frac{e^{-x}}{4} \right) \\
&= (C_1 e^{-x} + C_2 e^{3x}) - \frac{e^{2x}}{3} \quad (C_1, C_2 \text{ は任意定数})
\end{aligned}
$$

である. □

● **チェック問題 4.4** 非同次線形微分方程式 $y'' - 6y' + 9y = e^{-x}$ を解け.

## 4.3　記号解法による定数係数 2 階非同次線形微分方程式の解法
　—微分演算子を利用した代数計算によって特殊解を求めるパターン

> **━━━ 記号解法による非同次方程式の解法 ━━━**
>
> 　この節では，定数係数 2 階非同次線形微分方程式を記号解法を利用して解く方法について学ぶ．前節で学んだ定数変化法と同様に，記号解法においても解法公式は，基本的には積分形として与えられるが，非同次項の関数の形によっては代数的に計算して特殊解を求められる．ここで取り扱う非同次項の関数は，特に物理現象や工学の問題によく現れる関数であるので，積分計算をしなくても解を得られるという点は非常に有効である．

　独立変数 $x$ による微分 $\dfrac{d}{dx}$ を $D$ と書き，

$$Dy = \frac{d}{dx}y = y', \; D^2 y = D(Dy) = \frac{d^2}{dx^2}y = y'', \ldots, \; D^n y = \frac{d^n}{dx^n}y = y^{(n)}$$

と表すことにする．ただし，$D^0 y = y$ とする．

　多項式 $P(t) = a_n t^n + a_{n-1}t^{n-1} + \cdots + a_1 t + a_0 \; (a_n \neq 0)$ に対して，$P(D) = a_n D^n + a_{n-1}D^{n-1} + \cdots + a_1 D + a_0$ と定義し，

> **ステップ 1：キーポイント**　　**微分演算子の導入**
>
> $$\begin{aligned} P(D)y &= (a_n D^n + a_{n-1}D^{n-1} + \cdots + a_1 D + a_0)y \\ &= a_n y^{(n)} + a_{n-1}y^{(n-1)} + \cdots + a_1 y' + a_0 y \quad (4.24) \end{aligned}$$

と表す．この $P(D)$ を**微分演算子**もしくは**微分作用素**という[10]．この微分演算子 $P(D)$ は，2 つの関数 $y_1$ と $y_2$ および定数 $k_1, k_2$ に対して，

$$P(D)(k_1 y_1 + k_2 y_2) = k_1 P(D)y_1 + k_2 P(D)y_2 \quad (4.25)$$

が成り立つ[11]．また微分演算子 $P_1(D), P_2(D), P_3(D)$ に対して，和と積を

---

[10]　本書では，微分演算子に統一する．

[11]　**線形演算子**であることがわかる．

$$\{P_1(D) + P_2(D)\}y = P_1(D)y + P_2(D)y,$$

$$\{P_1(D)P_2(D)\}y = P_1(D)\{P_2(D)y\}$$

と定義する．このとき，

(i) 交換則

$$P_1(D) + P_2(D) = P_2(D) + P_2(D)$$

$$P_1(D)P_2(D) = P_2(D)P_1(D)$$

(ii) 結合則

$$\{P_1(D) + P_2(D)\} + P_3(D) = P_1(D) + \{P_2(D) + P_3(D)\}$$

$$\{P_1(D)P_2(D)\}P_3(D) = P_1(D)\{P_2(D)P_3(D)\}$$

(iii) 分配則

$$\{P_1(D) + P_2(D)\}P_3(D) = P_1(D)P_3(D) + P_2(D)P_3(D)$$

が成立することがわかる．つまり，この微分演算子は多項式と同様の代数計算をしてもよいことになる．

次に 2 階非同次線形微分方程式の一般解を求めていく上で必要になる微分演算子 $P(D)$ がもつ性質について紹介する．

(4.24) 式の微分演算子 $P(D)$ について，以下の等式が成立する．

(i) 指数関数へ作用する微分演算子の性質

$$
\begin{aligned}
P(D)e^{\lambda x} &= (a_n D^n + a_{n-1}D^{n-1} + \cdots + a_1 D + a_0)e^{\lambda x} \\
&= a_n D^n e^{\lambda x} + a_{n-1}D^{n-1}e^{\lambda x} + \cdots + a_1 De^{\lambda x} + a_0 e^{\lambda x} \\
&= a_n \lambda^n e^{\lambda x} + a_{n-1}\lambda^{n-1}e^{\lambda x} + \cdots + a_1 \lambda e^{\lambda x} + a_0 e^{\lambda x} \\
&= P(\lambda)e^{\lambda x}
\end{aligned}
\tag{4.26}
$$

(ii) 指数関数を含む関数に作用する微分演算子の性質

$$
\begin{aligned}
D(e^{\lambda x}y) &= \lambda e^{\lambda x}y + e^{\lambda x}Dy = e^{\lambda x}(D + \lambda)y, \\
D^2(e^{\lambda x}y) &= D\{e^{\lambda x}(D + \lambda)y\} \\
&= \lambda e^{\lambda x}(D + \lambda)y + e^{\lambda x}(D^2 + \lambda D)y \\
&= e^{\lambda x}(D + \lambda)^2 y, \\
&\cdots \\
D^n(e^{\lambda x}y) &= e^{\lambda x}(D + \lambda)^n y
\end{aligned}
$$

より

$$P(D)(e^{\lambda x}y)$$
$$= (a_n D^n + a_{n-1}D^{n-1} + \cdots + a_1 D + a_0)(e^{\lambda x}y)$$
$$= a_n D^n(e^{\lambda x}y) + a_{n-1}D^{n-1}(e^{\lambda x}y) + \cdots + a_1 D(e^{\lambda x}y) + a_0(e^{\lambda x}y)$$
$$= a_n e^{\lambda x}(D + \lambda)^n y + a_{n-1}e^{\lambda x}(D + \lambda)^{n-1}y + \cdots$$
$$\qquad + a_1 e^{\lambda x}(D + \lambda)y + a_0 e^{\lambda x}y$$
$$= e^{\lambda x}\{a_n(D + \lambda)^n + a_{n-1}(D + \lambda)^{n-1} + \cdots + a_1(D + \lambda) + a_0\}y$$
$$= e^{\lambda x}P(D + \lambda)y \tag{4.27}$$

が成立する.

　以上のことをふまえて，微分演算子を用いて定数係数 2 階非同次線形微分方程式を解く手順について説明する．この解法を**記号解法**という.

　微分演算子を用いると，(4.15) 式は，

$$P(D)y = (D^2 + aD + b)y = q(x) \tag{4.28}$$

と表されるが，代数的にこの式の両辺を $P(D)$ で割ると，

$$y = \frac{1}{P(D)}q(x) \tag{4.29}$$

となるので，2 階非同次線形微分方程式の一般解が求まることが期待できる.
(4.29) 式で表される微分演算子の形式的な分数式 $\dfrac{1}{P(D)}$ を $P(D)$ の**逆演算子**
というが，以下にこの逆演算子について説明する.

　まず，$P(D) = D$ の場合の微分方程式 $Dy = y' = q(x)$ について考える．これから

$$y = \frac{1}{D}q(x)$$

として，この式の両辺に $D$ を作用させると，

$$Dy = q(x)$$

となるので

$$y = \frac{1}{D}q(x) = \int q(x)\,dx + C \quad (C\text{ は任意定数})$$

となることがわかる[12].

例 **4.1** 1 階同次線形微分方程式 $Dy = 0$ の一般解は

$$y = \frac{1}{D}0 = \int 0\,dx + C = C \quad (C\text{ は任意定数})$$

である. □

例 **4.2** 2 階同次線形微分方程式 $D^2 y = 0$ の一般解は,例 4.1 の結果を用いると,

$$y = \frac{1}{D^2}0 = \frac{1}{D}\left(\frac{1}{D}0\right) = \int C\,dx + C_2 = Cx + C_2 \quad (C,\,C_2\text{ は任意定数})$$

である. □

次に微分方程式 $(D + \lambda)y = y' + \lambda y = q(x)$ について考える.(4.27) 式で $P(D) = D$ の場合から,

$$D(e^{\lambda x}y) = e^{\lambda x}(D + \lambda)y = e^{\lambda x}q(x)$$

であるので,

$$e^{\lambda x}y = \frac{1}{D}\{e^{\lambda x}q(x)\} = \int \{e^{\lambda x}q(x)\}\,dx + C \quad (C\text{ は任意定数})$$

となる.よってこの式の両辺に $e^{-\lambda x}$ をかけることにより,

$$y = \frac{1}{D + \lambda}q(x) = Ce^{-\lambda x} + e^{-\lambda x}\int \{e^{\lambda x}q(x)\}\,dx \quad (C\text{ は任意定数}) \quad (4.30)$$

となる[13].

非同次方程式の一般解を求める前に,2 階定数係数同次線形微分方程式

$$(D^2 + aD + b)y = 0$$

の一般解を求めてみよう.$P(D) = D^2 + aD + b$ において,特性方程式の解を $\lambda_1$ と $\lambda_2$ とすると,$(D^2 + aD + b)y = (D - \lambda_1)(D - \lambda_2)y = 0$ と変形で

---

12) 微分の逆の作用と考えれば,不定積分となることは理解できよう.

13) 1 階非同次線形微分方程式 $y' + \lambda y = q(x)$ の一般解となっていることを確かめよ.

きる[14]. 場合分けをして求めてみよう.

(i)  $\lambda_1 \neq \lambda_2$ のとき
$$(D - \lambda_1)(D - \lambda_2)y = (D - \lambda_1)\{(D - \lambda_2)y\} = 0$$
において, $(D - \lambda_2)y = \tilde{y}$ とおくと, $(D - \lambda_1)\tilde{y} = 0$ より, (4.30) 式について, $\lambda$ を $-\lambda_1$ とし, $q(x) = 0$ として用いると,

$$\tilde{y} = \frac{1}{D - \lambda_1}0 = e^{\lambda_1 x}\left\{\int (e^{-\lambda_1 x} \times 0)\,dx + C\right\} = Ce^{\lambda_1 x}$$

$$(C \text{ は任意定数})$$

となるので, この式に対しても, (4.30) 式の $\lambda$ を $-\lambda_2$ とし, $q(x) = Ce^{\lambda_1 x}$ として用いると,

$$y = \frac{1}{D - \lambda_2}\tilde{y} = \frac{1}{D - \lambda_2}(Ce^{\lambda_1 x}) = e^{\lambda_2 x}\left\{\int \left(Ce^{(\lambda_1 - \lambda_2)x}\right)dx + C_2\right\}$$

$$= e^{\lambda_2 x}\left\{\frac{C}{\lambda_1 - \lambda_2}e^{(\lambda_1 - \lambda_2)x} + C_2\right\}$$

$$= C_1 e^{\lambda_1 x} + C_2 e^{\lambda_2 x} \quad (C_1,\, C_2 \text{ は任意定数})$$

が得られる. ただし, $C_1 = \dfrac{C}{\lambda_1 - \lambda_2}$ である.

(ii)  $\lambda_1 = \lambda_2 = \lambda_0$ のとき
$$(D - \lambda_0)^2 y = 0$$
において, (4.27) 式で $P(D) = D^2$ の場合を考え, $\lambda$ を $-\lambda_0$ とすると,
$$D^2(e^{-\lambda_0 x}y) = e^{-\lambda_0 x}(D - \lambda_0)^2 y = 0$$
より,

$$y = e^{\lambda_0 x}\frac{1}{D^2}0 = (C_1 + C_2 x)e^{\lambda_0 x} \quad (C_1,\, C_2 \text{ は任意定数})$$

が得られる.

　以上のことをもとにして非同次方程式の解法を説明するが, 基本的な考え方

---

[14] 多項式の因数分解と同じである.

は，同次方程式の場合と同様で，右辺が $q(x)$ になるので，

$$(D - \lambda_1)(D - \lambda_2)y = (D - \lambda_1)\{(D - \lambda_2)y\} = q(x)$$

において，$(D - \lambda_2)y = \tilde{y}$ とおくと，$(D - \lambda_1)\tilde{y} = q(x)$ より，

$$\tilde{y} = \frac{1}{D - \lambda_1}q(x) = e^{\lambda_1 x}\left[\int \{e^{-\lambda_1 x}q(x)\}\,dx + C\right]$$

$$= Ce^{\lambda_1 x} + e^{\lambda_1 x}\int \{e^{-\lambda_1 x}q(x)\}\,dx \quad (C \text{ は任意定数})$$

となるので，$e^{\lambda_1 x}\int \{e^{-\lambda_1 x}q(x)\}\,dx = r(x)$ とおくと，

$$y = \frac{1}{D - \lambda_2}\tilde{y} = \frac{1}{D - \lambda_2}\{Ce^{\lambda_1 x} + r(x)\}$$

$$= e^{\lambda_2 x}\left[\int \{Ce^{(\lambda_1 - \lambda_2)x}\}\,dx + \int \{e^{-\lambda_2 x}r(x)\}\,dx + C_2\right]$$

$$(C, C_2 \text{ は任意定数}) \qquad (4.31)$$

が得られる.

(i) $\lambda_1 \neq \lambda_2$ のとき

(4.31) 式は，

$$y = e^{\lambda_2 x}\left[\frac{C}{\lambda_1 - \lambda_2}e^{(\lambda_1 - \lambda_2)x} + \int \{e^{-\lambda_2 x}r(x)\}\,dx + C_2\right]$$

$$= C_1 e^{\lambda_1 x} + C_2 e^{\lambda_2 x} + e^{\lambda_2 x}\int \{e^{-\lambda_2 x}r(x)\}\,dx \quad (C_1, C_2 \text{ は任意定数})$$

ただし，$C_1 = \dfrac{C}{\lambda_1 - \lambda_2}$ である. $r(x)$ をもとに戻してまとめると，

---

**ステップ2：公式** **特性方程式の解が異なる2つの解の場合の一般解**

$$y = C_1 e^{\lambda_1 x} + C_2 e^{\lambda_2 x} + e^{\lambda_2 x}\int \left[e^{(\lambda_1 - \lambda_2)x}\int \{e^{-\lambda_1 x}q(x)\}\,dx\right]dx$$

$$(C_1, C_2 \text{ は任意定数}) \qquad (4.32)$$

---

（注意）(4.32) 式に対して，右辺第3項を部分積分して変形すると，

$$C_1 e^{\lambda_1 x} + C_2 e^{\lambda_2 x} + e^{\lambda_2 x} \int \left[ e^{(\lambda_1 - \lambda_2)x} \int \{ e^{-\lambda_1 x} q(x) \} \, dx \right] dx$$

$$= C_1 e^{\lambda_1 x} + C_2 e^{\lambda_2 x}$$
$$+ e^{\lambda_2 x} \int \left[ \left\{ \frac{1}{\lambda_1 - \lambda_2} e^{(\lambda_1 - \lambda_2)x} \right\}' \int \{ e^{-\lambda_1 x} q(x) \} \, dx \right] dx$$

$$= C_1 e^{\lambda_1 x} + C_2 e^{\lambda_2 x}$$
$$+ \frac{e^{\lambda_1 x}}{\lambda_1 - \lambda_2} \int \{ e^{-\lambda_1 x} q(x) \} \, dx - \frac{e^{\lambda_2 x}}{\lambda_1 - \lambda_2} \int \{ e^{-\lambda_2 x} q(x) \} \, dx$$

$$= \left( \frac{1}{\lambda_1 - \lambda_2} \right) \left\{ \frac{1}{D - \lambda_1} q(x) \right\} - \left( \frac{1}{\lambda_1 - \lambda_2} \right) \left\{ \frac{1}{D - \lambda_2} q(x) \right\}$$

$$= \left( \frac{1}{\lambda_1 - \lambda_2} \right) \left( \frac{1}{D - \lambda_1} - \frac{1}{D - \lambda_2} \right) q(x)$$

であるので,

$$\frac{1}{(D - \lambda_1)(D - \lambda_2)} q(x) = \left( \frac{1}{\lambda_1 - \lambda_2} \right) \left( \frac{1}{D - \lambda_1} - \frac{1}{D - \lambda_2} \right) q(x) \quad (4.33)$$

が成り立つ[15]. この式は, 逆演算子について, 代数的に部分分数分解ができることを示しており, 今後特殊解を計算する上で利用する.

(ii) $\lambda_1 = \lambda_2 = \lambda_0$ のとき

(4.31) 式は, $C = C_1$ とおいて, $r(x)$ をもとに戻して整理すると,

---

**ステップ 2 : 公式** 　**特性方程式の解が重解の場合の一般解**

$$y = e^{\lambda_0 x} \left[ \int (C_1 e^{0x}) \, dx + \int \{ e^{-\lambda_0 x} r(x) \} \, dx + C_2 \right]$$

$$= e^{\lambda_0 x} \left[ \int \left\{ \int (e^{-\lambda_0 x} q(x)) \, dx \right\} dx + C_1 x + C_2 \right]$$

$$= (C_1 x + C_2) e^{\lambda_0 x} + e^{\lambda_0 x} \int \left[ \int \{ e^{-\lambda_0 x} q(x) \} \, dx \right] dx$$

$$(C_1, C_2 \text{ は任意定数}) \quad (4.34)$$

---

が得られる.

---

[15] (4.30) 式を用いているが, 同次方程式の一般解の任意定数はおきかえていることに注意しよう.

（**注意**） (4.34) 式に対して，この一般解が $y = \dfrac{1}{(D - \lambda_0)^2} q(x)$ で与えられること

から，

$$\frac{1}{(D - \lambda_0)^2} q(x) = (C_1 x + C_2)e^{\lambda_0 x} + e^{\lambda_0 x} \int \left[ \int \{ e^{-\lambda_0 x} q(x) \} \, dx \right] dx \quad (4.35)$$

で与えられることに注意しよう[16]．

　以上のように，記号解法を利用した場合の一般的な公式は積分計算を含む式として与えられる．一方，$q(x)$ が指数関数，三角関数，多項式およびそれらの積で与えられる場合には，比較的簡単な代数計算で特殊解が求められる．これについて説明しよう．

　まず，$q(x)$ が関数の和で与えられている場合には，それぞれの関数の特殊解を別々に求めて，それらの和で与えられることを示しておこう．$P(D)$ が線形演算子であることから，

$$P(D)y = q_1(x), \quad P(D)y = q_2(x)$$

の解をそれぞれ $Y_1, Y_2$ とすると，定数 $k_1, k_2$ に対して，$k_1 Y_1 + k_2 Y_2$ は非同次方程式

$$P(D)(k_1 Y_1 + k_2 Y_2) = k_1 P(D)Y_1 + k_2 P(D)Y_2 = k_1 q_1(x) + k_2 q_2(x)$$

の解である．

　非同次項 $q(x)$ の形で分類しよう．ただし，ここでは一般解における任意定数にすべて零を代入したときの特殊解 $y_0$ のみを表示することにする．また定数係数線形非同次線形微分方程式の微分演算子 $P(D) = D^2 + aD + b$（$a, b$ は実変数）に対し，$P(D)y_0 = q(x)$ とする．

(I)　$q(x)$ が指数関数 $ke^{\alpha x}$（$k$ は実定数）の場合

(I-i)　$P(\alpha) \neq 0$ のとき

　(4.26) 式で，$e^{\lambda x}$ のかわりに $\dfrac{1}{P(\alpha)} e^{\alpha x}$ とおけば，

$$P(D) \left\{ \frac{1}{P(\alpha)} e^{\alpha x} \right\} = \frac{1}{P(\alpha)} P(D) e^{\alpha x} = \frac{1}{P(\alpha)} P(\alpha) e^{\alpha x} = e^{\alpha x}$$

---

[16] この式は，(4.30) 式とともに，一般の自然数 $n$ についても $e^{-\lambda x} q(x)$ を繰り返し積分する式に拡張できる．

より，

> **ステップ3：公式**　$q(x) = ke^{\alpha x}$ $(P(\alpha) \neq 0)$ の場合の特殊解
>
> $$y_0 = \frac{1}{P(D)}e^{\alpha x} = \frac{1}{P(\alpha)}e^{\alpha x} \tag{4.36}$$

　この場合では，基本的に (4.36) 式で直接特殊解が得られるので，(4.33) 式のように部分分数に分解しなくてもよい．

---**例題 4.5**---

非同次線形微分方程式 $y'' - 5y' + 4y = 5e^{-x}$ を解け．

---

**解答**　同次方程式の特性方程式は

$$\lambda^2 - 5\lambda + 4 = (\lambda - 1)(\lambda - 4) = 0$$

となるので，解は 1 と 4 である．従って余関数は

$$C_1 e^x + C_2 e^{4x} \quad (C_1,\ C_2\ は任意定数)$$

である．$P(D) = D^2 - 5D + 4$ とすると，非同次項 $ke^{\alpha x}$ において $k = 5$，$\alpha = -1$ の場合であるので，$P(-1) = (-1)^2 - 5 \times (-1) + 4 = 10 \neq 0$ である．よって，特殊解 $y_0$ は

$$y_0 = \frac{1}{P(D)}(5e^{-x}) = 5\frac{1}{P(D)}e^{-x} = 5 \times \frac{1}{P(-1)}e^{-x} = \frac{e^{-x}}{2}$$

であり，従って一般解は

$$y = C_1 e^x + C_2 e^{4x} + \frac{e^{-x}}{2} \quad (C_1,\ C_2\ は任意定数)$$

である．　　　　　　　　□

✔ **チェック問題 4.5**　非同次線形微分方程式 $y'' - 10y' + 26y = 2e^{2x}$ を解け．

(I-ii)　$P(\alpha) = 0$ のとき

　$\alpha$ が，特性方程式 $P(\lambda) = \lambda^2 + a\lambda + b = 0$ の $m$ 重解とする．(4.30) 式において $C = 0$ とし，また $\lambda$ を $-\alpha$ に，$q(x)$ を $e^{\alpha x}$ に変えた式，および (4.35) 式において，$C_1 = C_2 = 0$ とし，また $\lambda_0$ を $\alpha$ に，$q(x)$ を $e^{\alpha x}$ に変えた式

$$\frac{1}{D - \alpha}e^{\alpha x} = e^{\alpha x}\int \{e^{-\alpha x}e^{\alpha x}\}\,dx = xe^{\alpha x}$$

$$\frac{1}{(D-\alpha)^2}e^{\alpha x} = e^{\alpha x}\int\left[\int\{e^{-\alpha x}e^{\alpha x}\}\,dx\right]dx = \frac{x^2}{2}e^{\alpha x}$$

より

---

**ステップ3：公式** **$\alpha$ が方程式 $P(\lambda)=0$ の $m$ 重解（$m=1,2$）のとき**

$$\frac{1}{D-\alpha}e^{\alpha x} = xe^{\alpha x}, \tag{4.37}$$

$$\frac{1}{(D-\alpha)^2}e^{\alpha x} = \frac{x^2}{2}e^{\alpha x} \tag{4.38}$$

---

を利用する.

（注意） $m \geq 3$ でも

$$\frac{1}{(D-\alpha)^m}e^{\alpha x} = \frac{x^m}{m!}e^{\alpha x} \tag{4.39}$$

が成り立つ.

この場合には，(4.33) 式のように部分分数に分解した上で，$P(\lambda)=0$ の解である $\lambda$ については，(4.37) 式や (4.38) 式を利用すればよい.

---

**―例題 4.6―**

非同次線形微分方程式 $y'' - 2y' - 8y = -4e^{4x}$ を解け.

---

**解答** 同次方程式の特性方程式は

$$\lambda^2 - 2\lambda - 8 = (\lambda+2)(\lambda-4) = 0$$

となるので，解は $-2$ と $4$ である. 従って余関数は

$$C_1 e^{-2x} + C_2 e^{4x} \quad (C_1, C_2 \text{ は任意定数})$$

である. $P(D) = D^2 - 2D - 8$ とすると，非同次項 $ke^{\alpha x}$ において $k=-4$，$\alpha - 4$ の場合であるので，4 は特性方程式の多重度 1 の解である（$P(4) = 4^2 - 2 \times 4 - 8 = 0$）. よって，特殊解 $y_0$ は

$$y_0 = \frac{1}{D^2 - 2D - 8}(-4e^{2x}) = (-4)\left\{\frac{1}{(D+2)(D-4)}e^{2x}\right\}$$

$$= \frac{2}{3}\left(\frac{1}{D+2} - \frac{1}{D-4}\right)e^{4x} = \frac{2}{3}\frac{1}{D+2}e^{4x} - \frac{2}{3}\frac{1}{D-4}e^{4x}$$

$$= \frac{2}{3}\left(\frac{1}{4+2}e^{4x}\right) - \frac{2}{3}\left(\frac{x}{1}e^{4x}\right)$$

$$= \frac{e^{4x}}{9} - \frac{2xe^{4x}}{3}$$

であり，従って一般解は

$$y = C_1 e^{-2x} + C_2 e^{4x} + \frac{e^{4x}}{9} - \frac{2xe^{4x}}{3}$$

$$= C_1 e^{-2x} + C_3 e^{4x} - \frac{2xe^{4x}}{3} \quad (C_1, C_3 \text{ は任意定数})$$

である．ただし，$C_3 = C_2 + \dfrac{1}{9}$ とおいた．　□

✅ **チェック問題 4.6**　非同次線形微分方程式 $y'' - 2y' + y = 2e^x$ を解け.

(II)　$q(x)$ が三角関数 $k\cos\beta x$, $k\sin\beta x$ の場合（$k$ は実定数）[17]
オイラーの公式 (1.11) 式より，

$$\cos\beta x = \mathrm{Re}(e^{i\beta x}), \quad \sin\beta x = \mathrm{Im}(e^{i\beta x})$$

である．また複素数値関数 $F(x) = G(x) \pm iH(x)$（$G(x)$ と $H(x)$ は実関数）についても，同様に実部と虚部で

$$G(x) = \mathrm{Re}\{F(x)\}, \quad H(x) = \mathrm{Im}\{F(x)\}$$

であるので，$q(x)$ が三角関数 $k\cos\beta x$, $k\sin\beta x$（$k$ は実定数）の場合には，$q(x)$ について，指数関数 $e^{i\beta x}$ におきかえて特殊解（複素関数となる）を求め，その実部もしくは虚部を求めればよい．

(II-i)　$P(i\beta) \neq 0$ のとき

$P(D)y = ke^{i\beta x}$ に対して，特殊解 $y_0$ は，(4.36) 式の場合と同様にして，

$$\frac{1}{P(D)}ke^{i\beta x} = k\frac{1}{P(D)}\cos\beta x + ki\frac{1}{P(D)}\sin\beta x$$

$$= k\,\mathrm{Re}\left\{\frac{1}{P(D)}e^{i\beta x}\right\} + ki\,\mathrm{Im}\left\{\frac{1}{P(D)}e^{i\beta x}\right\}$$

[17] この場合は，交流電源が入った電気回路や，共振，共鳴現象にも関係するので，物理現象としても，工学問題としても非常に重要である．

$$= k \operatorname{Re}\left\{\frac{1}{P(i\beta)}e^{i\beta x}\right\} + ki \operatorname{Im}\left\{\frac{1}{P(i\beta)}e^{i\beta x}\right\}$$

より,

> **ステップ3：公式** $q(x) = k\cos\beta x$ **もしくは** $k\sin\beta x$ $(P(i\beta) \neq 0)$
> **の場合の特殊解**
>
> $$y_0 = \frac{1}{P(D)}k\cos\beta x = k\operatorname{Re}\left\{\frac{1}{P(i\beta)}e^{i\beta x}\right\} \tag{4.40}$$
>
> $$y_0 = \frac{1}{P(D)}k\sin\beta x = k\operatorname{Im}\left\{\frac{1}{P(i\beta)}e^{i\beta x}\right\} \tag{4.41}$$

　この場合では，基本的に (4.40) 式もしくは (4.41) 式で直接特殊解が得られるので，(4.33) 式のように部分分数に分解しなくてもよい.

---**例題 4.7**---
　非同次線形微分方程式 $y'' + 6y' - 27y = -2\cos 3x$ を解け.

**解答**　同次方程式の特性方程式は
$$\lambda^2 + 6\lambda - 27 = (\lambda + 9)(\lambda - 3) = 0$$
となるので，解は $-9$ と $3$ である．従って余関数は
$$C_1 e^{-9x} + C_2 e^{3x} \quad (C_1, C_2 \text{ は任意定数})$$
である．$P(D) = D^2 + 6D - 27$ とすると，非同次項 $k\cos\beta x$ において $k = -2, \beta = 3$ の場合であるので，
$$P(3i) = (3i)^2 + 6 \times (3i) - 27 = -36 + 18i \neq 0$$
である．よって，特殊解 $y_0$ は
$$y_0 = \operatorname{Re}\left\{\frac{1}{P(D)}(-2e^{3ix})\right\} = (-2) \times \operatorname{Re}\left\{\frac{1}{P(3i)}e^{3ix}\right\}$$
$$= (-2) \times \operatorname{Re}\left(\frac{\cos 3x + i\sin 3x}{-36 + 18i}\right)$$
$$= -\frac{1}{9} \times \operatorname{Re}\left\{\frac{(\cos 3x + i\sin 3x)(-2 - i)}{5}\right\}$$
$$= \frac{2\cos 3x - \sin 3x}{45}$$

であり，従って一般解は

$$y = C_1 e^{-9x} + C_2 e^{3x} + \frac{2\cos 3x - \sin 3x}{45} \quad (C_1, C_2 \text{ は任意定数})$$

である． □

⦿ **チェック問題 4.7**　非同次線形微分方程式 $y'' - 4y' + 3y = 10\sin x$ を解け．

(II-ii)　$P(i\beta) = 0$ のとき

指数関数の場合の (4.37) 式～(4.38) 式を用いればよい．ただし，本書で扱っている実係数の 2 階定数係数線形微分方程式においては，特性方程式の解が $i\beta$（多重度は 1）となるとき，$P(D) = D^2 + \beta^2$ であるので，

$$\frac{1}{P(D)} k e^{i\beta x} = \frac{1}{D^2 + \beta^2} k e^{i\beta x} = k\frac{1}{D - i\beta}\left(\frac{1}{D + i\beta} e^{i\beta x}\right)$$

$$= k\frac{1}{D - i\beta}\left\{\frac{1}{(i\beta + i\beta)} e^{i\beta x}\right\} = \frac{k}{2i\beta} \frac{x e^{i\beta x}}{1}$$

$$= \left(\frac{k}{2\beta} x \sin \beta x\right) + i\left(-\frac{k}{2\beta} x \cos \beta x\right)$$

から，

> **ステップ 3：公式**　$q(x) = k\cos\beta x$ もしくは $k\sin\beta x$ （$P(i\beta) = 0$）の場合の特殊解
>
> $$y_0 = \frac{1}{D^2 + \beta^2} k\cos\beta x = \frac{k}{2\beta} x\sin\beta x, \tag{4.42}$$
>
> $$y_0 = \frac{1}{D^2 + \beta^2} k\sin\beta x = -\frac{k}{2\beta} x\cos\beta x \tag{4.43}$$

となる．

---
**例題 4.8**
---

非同次線形微分方程式 $y'' + 9y = 6\sin 3x$ を解け．

**解答**　同次方程式の特性方程式は

$$\lambda^2 + 9 = (\lambda + 3i)(\lambda - 3i) = 0$$

となるので，解は $\pm 3i$ である．従って余関数は

$$C_1 \cos 3x + C_2 \sin 3x \quad (C_1, C_2 \text{ は任意定数})$$

である. $P(D) = D^2 + 9$ とすると, 非同次項 $k \sin \beta x$ において $k = 6$, $\beta = 3$ の場合であるので, $3i$ は特性方程式の多重度 1 の解である $(P(3i) = (3i)^2 + 9 = 0)$. よって, 特殊解 $y_0$ は

$$y_0 = \mathrm{Im}\left\{ \frac{1}{P(D)}(6e^{3ix}) \right\}$$

$$= 6 \times \mathrm{Im}\left\{ \frac{1}{D^2 + 9} e^{3ix} \right\} = 6 \times \mathrm{Im}\left\{ \frac{1}{D - 3i}\left( \frac{1}{D + 3i} e^{3ix} \right) \right\}$$

$$= 6 \times \mathrm{Im}\left[ \frac{1}{D - 3i}\left\{ \frac{1}{(3i + 3i)} e^{3ix} \right\} \right]$$

$$= \mathrm{Im}\left( \frac{xe^{3ix}}{i} \right) = \mathrm{Im}\left( \frac{x \cos 3x + ix \sin 3x}{i} \right)$$

$$= -x \cos 3x$$

であり, 従って一般解は

$$y = C_1 \cos 3x + C_2 \sin 3x - x \cos 3x \quad (C_1, C_2 \text{ は任意定数})$$

である.

　この解 $y$ に $C_1 = 1, C_2 = 0$ を代入して得られる解 (これも特殊解) の $x = 0$ から増加していくときの変化をグラフ化したものを図 4.1 に示す.

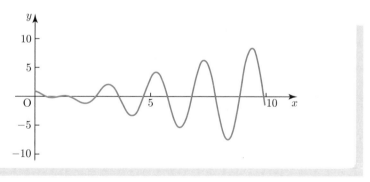

**図 4.1**　例題 4.8 の微分方程式の解 ($C_1 = 1, C_2 = 0$ の場合)

　これから, $y$ が増幅していくことがわかる. このように, 単振動の周期と同じ周期をもつ外力が加わると, 特殊解によって増幅される現象を**共振現象**もしくは**共鳴現象**という.　　　　　　　　　　　　　　　　　　　□

✅ **チェック問題 4.8**　非同次線形微分方程式 $y'' + 4y = \cos 2x$ を解け.

**(III)**　$q(x)$ が指数関数と三角関数の積 $ke^{\alpha x}\cos\beta x,\ ke^{\alpha x}\sin\beta x$（$k$ は実定数）の場合

三角関数の場合 (II) を参考にして, (1.14) 式から

$$e^{\alpha x}\cos\beta x = \mathrm{Re}\{e^{(\alpha+i\beta)x}\},$$
$$e^{\alpha x}\sin\beta x = \mathrm{Im}\{e^{(\alpha+i\beta)x}\}$$

であるので, $q(x)$ について, 指数関数 $ke^{(\alpha+i\beta)x}$（$k$ は実定数）におきかえて特殊解（複素関数となる）を求め, その実部もしくは虚部を求めればよい.

**(III-i)**　$P(\alpha + i\beta) \neq 0$ のとき

$P(D)y = ke^{(\alpha+i\beta)x}$ に対して, 特殊解 $y_0$ は

$$\frac{1}{P(D)}ke^{(\alpha+i\beta)x}$$
$$= \frac{1}{P(D)}ke^{\alpha x}\cos\beta x + i\frac{1}{P(D)}ke^{\alpha x}\sin\beta x$$
$$= k\,\mathrm{Re}\left\{\frac{1}{P(D)}e^{(\alpha+i\beta)x}\right\} + ki\,\mathrm{Im}\left\{\frac{1}{P(D)}e^{(\alpha+i\beta)x}\right\}$$
$$= k\,\mathrm{Re}\left\{\frac{1}{P(\alpha+i\beta)}e^{(\alpha+i\beta)x}\right\} + ki\,\mathrm{Im}\left\{\frac{1}{P(\alpha+i\beta)}e^{(\alpha+i\beta)x}\right\}$$

より,

---

**ステップ3：公式**　$q(x) = ke^{\alpha x}\cos\beta x$ もしくは $ke^{\alpha x}\sin\beta x$
　　　　　　　　（$P(\alpha + i\beta) \neq 0$）の場合の特殊解

$$y_0 = \frac{1}{P(D)}ke^{\alpha x}\cos\beta x = k\,\mathrm{Re}\left\{\frac{1}{P(\alpha+i\beta)}e^{(\alpha+i\beta)x}\right\}, \quad (4.44)$$

$$y_0 = \frac{1}{P(D)}ke^{\alpha x}\sin\beta x = k\,\mathrm{Im}\left\{\frac{1}{P(\alpha+i\beta)}e^{(\alpha+i\beta)x}\right\} \quad (4.45)$$

---

　この場合では, 基本的に (4.44) 式もしくは (4.45) 式で直接特殊解が得られるので, (4.33) 式のように部分分数に分解しなくてもよい.

---
**─例題 4.9─**

非同次線形微分方程式 $y'' + 3y' + 2y = e^{-x}\cos x$ を解け.

---

**解答** 同次方程式の特性方程式は

$$\lambda^2 + 3\lambda + 2 = (\lambda + 1)(\lambda + 2) = 0$$

となるので, 解は $-1$ と $-2$ である. 従って余関数は

$$C_1 e^{-x} + C_2 e^{-2x} \quad (C_1, C_2 \text{ は任意定数})$$

である. $P(D) = D^2 + 3D + 2$ とすると, 非同次項 $ke^{\alpha x}\cos\beta x$ において $k = 1$, $\alpha = -1$, $\beta = 1$ の場合であるので,

$$P(-1 + i) = (-1 + i)^2 + 3 \times (-1 + i) + 2 = -1 + i \neq 0$$

である. よって, 特殊解 $y_0$ は

$$y_0 = \mathrm{Re}\left[\frac{1}{P(D)}\{e^{(-1+i)x}\}\right] = \mathrm{Re}\left\{\frac{1}{P(-1+i)}e^{(-1+i)x}\right\}$$

$$= \mathrm{Re}\left\{\frac{e^{-x}(\cos x + i\sin x)}{-1 + i}\right\}$$

$$= \mathrm{Re}\left\{\frac{e^{-x}(\cos x + i\sin x)(-1 - i)}{2}\right\}$$

$$= \frac{e^{-x}(-\cos x + \sin x)}{2}$$

であり, 従って一般解は

$$y = C_1 e^{-x} + C_2 e^{-2x} + \frac{e^{-x}(-\cos x + \sin x)}{2} \quad (C_1, C_2 \text{ は任意定数})$$

である. □

✔ **チェック問題 4.9** 非同次線形微分方程式 $y'' - 4y = 5e^x\sin 3x$ を解け.

**(III-ii)** $P(\alpha + i\beta) = 0$ のとき

この場合も非同次項 $q(x)$ を $ke^{(\alpha+i\beta)x}$ として, (4.37) 式〜(4.38) 式を用いればよい. ただし, 本書で扱っている実係数の2階定数係数線形微分方程式においては, 特性方程式の解 $\alpha + i\beta$ の多重度は1である (重解ではない) こと

に注意しよう. 従って,

$$\frac{1}{P(D)}ke^{(\alpha+i\beta)x}$$

$$= \frac{k}{D-(\alpha+i\beta)}\left\{\frac{1}{D-(\alpha-i\beta)}e^{(\alpha+i\beta)x}\right\}$$

$$= \frac{k}{D-(\alpha+i\beta)}\left\{\frac{1}{\alpha+i\beta-\alpha+i\beta}e^{(\alpha+i\beta)x}\right\}$$

$$= \frac{k}{2i\beta}\frac{xe^{(\alpha+i\beta)x}}{1}$$

$$= \left(\frac{k}{2\beta}xe^{\alpha x}\sin\beta x\right) + i\left(-\frac{k}{2\beta}xe^{\alpha x}\cos\beta x\right)$$

から,

---

**ステップ 3：公式**　$q(x) = ke^{\alpha x}\cos\beta x$ もしくは $ke^{\alpha x}\sin\beta x$

$(P(\alpha+i\beta)=0)$ の場合の特殊解

$$y_0 = \frac{1}{P(D)}ke^{\alpha x}\cos\beta x = \frac{k}{2\beta}xe^{\alpha x}\sin\beta x, \qquad (4.46)$$

$$y_0 = \frac{1}{P(D)}ke^{\alpha x}\sin\beta x = -\frac{k}{2\beta}xe^{\alpha x}\cos\beta x \qquad (4.47)$$

---

となる.

---
**例題 4.10**

非同次線形微分方程式 $y'' + 10y' + 29y = 4e^{-5x}\sin 2x$ を解け.

---

**解答**　同次方程式の特性方程式は

$$\lambda^2 + 10\lambda + 29 = \{\lambda-(-5+2i)\}\{\lambda-(-5-2i)\} = 0$$

となるので, 解は $-5\pm 2i$ である. 従って余関数は

$$e^{-5x}(C_1\cos 2x + C_2\sin 2x) \quad (C_1, C_2 \text{ は任意定数})$$

である. $P(D) = D^2 + 10D + 29$ とすると, 非同次項 $ke^{\alpha x}\sin\beta x$ において $k=4$, $\alpha=-5$, $\beta=2$ の場合であるので, $-5+2i$ は特性方程式の多重度 1 の解である ($P(-5+2i) = (-5+2i)^2 + 10\times(-5+2i) + 29 = 0$). よって,

特殊解 $y_0$ は

$$y_0 = \mathrm{Im}\left[\frac{1}{P(D)}\left\{4e^{(-5+2i)x}\right\}\right]$$

$$= 4 \times \mathrm{Im}\left[\frac{1}{D-(-5+2i)}\left\{\frac{1}{D-(-5-2i)}e^{(-5+2i)x}\right\}\right]$$

$$= 4 \times \mathrm{Im}\left[\frac{1}{D-(-5+2i)}\left\{\frac{1}{(-5+2i+5+2i)}e^{(-5+2i)x}\right\}\right]$$

$$= \mathrm{Im}\left\{\frac{xe^{(-5+2i)x}}{i}\right\} = \mathrm{Im}\left\{\frac{xe^{-5x}(\cos 2x + i\sin 2x)}{i}\right\}$$

$$= -xe^{-5x}\cos 2x$$

であり，従って一般解は

$$y = e^{-5x}(C_1\cos 2x + C_2\sin 2x) - xe^{-5x}\cos 2x$$

$$(C_1, C_2 \text{ は任意定数})$$

である． □

✅ **チェック問題 4.10** 非同次線形微分方程式 $y'' + 4y' + 5y = 4e^{-2x}\cos x$ を解け．

(IV) $q(x)$ が多項式の場合

まず，$\dfrac{1}{(D-\lambda)^m}q(x)$ の計算方法について確認しておこう．

$(D-\lambda)^m y = q(x)$ において，(4.27) 式で $P(D) = D^m$ の場合の $\lambda$ を $-\lambda$ に変えると，

$$D^m(e^{-\lambda x}y) = e^{-\lambda x}(D-\lambda)^m y = e^{-\lambda x}q(x)$$

より，

---

**ステップ 1：キーポイント** $\dfrac{1}{(D-\lambda)^m}q(x)$ **の計算公式**

$$\frac{1}{(D-\lambda)^m}q(x) = e^{\lambda x}\frac{1}{D^m}\{e^{-\lambda x}q(x)\}$$

$$= e^{\lambda x}\overbrace{\int dx \int dx \cdots \int}^{m \text{個}} \{e^{-\lambda x}q(x)\}\,dx \quad (4.48)$$

---

となる．なお，$m = 2$ の場合は，(4.35) 式の $C_1 = C_2 = 0$ の場合である．

2 階非同次線形微分方程式の場合には，与えられた微分方程式の微分演算子 $P(D)$ を求め，(4.33) 式のように部分分数に分解し，(4.48) 式の手順を繰り返せば最終的に特殊解が求められる．なお，特性方程式に零の解がある場合には，その他の解 $\lambda \neq 0$ に対する (4.48) 式の計算した後に，次の式で積分すればよい．

---

> ### ステップ 1：キーポイント　$\frac{1}{D^m}q(x)$ の計算公式
>
> $$\frac{1}{D^m}q(x) = \overbrace{\int dx \int dx \cdots \int}^{m \text{ 個}} q(x)\, dx \qquad (4.49)$$

---

一般的な手順は以上の通りであるが，$\lambda \neq 0$ で $m = 1$ の場合は，公式として別途求めておいた方が効率的なので，$l$ 次の多項式の場合についての求め方を説明しよう．

$\lambda \neq 0$ のとき，$q(x)$ が $l$ 次の多項式として，(4.48) 式の $m = 1$ のときの式

$$\frac{1}{D - \lambda}q(x) = e^{\lambda x} \int \{e^{-\lambda x} q(x)\}\, dx$$

について，右辺の積分について部分積分を繰り返す．$q(x)$ は $l + 1$ 回微分すると零になるので，

$$\int \{e^{-\lambda x} q(x)\}\, dx$$

$$= -\frac{1}{\lambda}e^{-\lambda x}q(x) + \frac{1}{\lambda}\int \{e^{-\lambda x}q'(x)\}\, dx$$

$$= -\frac{1}{\lambda}e^{-\lambda x}q(x) - \frac{1}{\lambda^2}e^{-\lambda x}q'(x) + \frac{1}{\lambda^2}\int \{e^{-\lambda x}q''(x)\}\, dx$$

$$\vdots$$

$$= -\frac{1}{\lambda}e^{-\lambda x}q(x) - \frac{1}{\lambda^2}e^{-\lambda x}q'(x) - \cdots - \frac{1}{\lambda^{l+1}}e^{-\lambda x}q^{(l)}(x)$$

$$= e^{-\lambda x}\left\{ -\frac{q(x)}{\lambda} - \frac{q'(x)}{\lambda^2} - \cdots - \frac{q^{(l)}(x)}{\lambda^{l+1}} \right\}$$

であるので，最終的に $\frac{1}{D - \lambda}q(x)$ は $l$ 次多項式となる．上式を書きかえると，

> **ステップ 2：公式** $q(x)$ が $l$ 次の多項式の場合の $\dfrac{1}{D-\lambda}q(x)$ の計算公式
> $(\lambda \neq 0)$
>
> $$\frac{1}{D-\lambda}q(x) = -\frac{1}{\lambda}\left\{1 + \frac{D}{\lambda} + \left(\frac{D}{\lambda}\right)^2 + \cdots + \left(\frac{D}{\lambda}\right)^l\right\}q(x) \quad (4.50)$$

となる.

2 階定数係数線形微分方程式の特性方程式の解 $\lambda_1$ と $\lambda_2$ がともに零でなく相異なる場合には，(4.33) 式によって，代数的に部分分数分解して，それぞれに (4.50) 式を利用すればよい.

---**例題 4.11**---

非同次線形微分方程式 $y'' - 3y' + 2y = 12x^2 - 6x + 1$ を解け.

---

**解答** 同次方程式の特性方程式は

$$\lambda^2 - 3\lambda + 2 = (\lambda - 2)(\lambda - 1) = 0$$

となるので，解は 2 と 1 である $(\lambda \neq 0)$. 従って余関数は

$$C_1 e^{2x} + C_2 e^x \quad (C_1, C_2 \text{ は任意定数})$$

である. 特殊解 $y_0$ は

$$
\begin{aligned}
y_0 &= \frac{1}{D^2 - 3D + 2}(12x^2 - 6x + 1) \\
&= \left\{\frac{1}{(D-2)(D-1)}(12x^2 - 6x + 1)\right\} \\
&= \left(\frac{1}{D-2} - \frac{1}{D-1}\right)(12x^2 - 6x + 1) \\
&= \frac{1}{D-2}(12x^2 - 6x + 1) - \frac{1}{D-1}(12x^2 - 6x + 1) \\
&= -\frac{1}{2}\left\{1 + \frac{D}{2} + \left(\frac{D}{2}\right)^2\right\}(12x^2 - 6x + 1) \\
&\quad + (1 + D + D^2)(12x^2 - 6x + 1) \\
&= (-6x^2 - 3x - 2) + (12x^2 + 18x + 19) \\
&= 6x^2 + 15x + 17
\end{aligned}
$$

であり, 従って一般解は

$$y = C_1 e^{2x} + C_2 e^x + 6x^2 + 15x + 17 \quad (C_1, C_2 \text{ は任意定数})$$

である. □

⚡ **チェック問題 4.11**　非同次線形微分方程式 $y'' + 4y' + 3y = -3x - 1$ を解け.

**(V)**　$q(x)$ が指数関数, 三角関数と多項式の積の場合

最後に, $q(x)$ が指数関数, 三角関数と多項式の積：$q(x) = r(x)e^{\alpha x}\cos\beta x$ もしくは $q(x) = r(x)e^{\alpha x}\sin\beta x$（$r(x)$ は $l$ 次の多項式）である場合の特殊解について説明しよう. なお, $\beta = 0$ の場合は, $q(x)$ が指数関数と多項式の積の場合, $\alpha = 0$ の場合は, $q(x)$ が三角関数と多項式の積の場合である.

基本的な解法は, これまでの内容を組み合わせて解を求めていくことになる. すなわち,（III）の指数関数と三角関数の積の場合に $e^{(\alpha + i\beta)x}$ を導入して, その実部や虚部を求めることで特殊解を得る方法を説明したが, それをもとに求めていく. まず (4.27) 式の $y$ を $\dfrac{1}{P(D + \lambda)}q(x)$ に変えた式は,

$$P(D)\left[e^{\lambda x}\left\{\frac{1}{P(D + \lambda)}q(x)\right\}\right]$$
$$= e^{\lambda x}P(D + \lambda)\left\{\frac{1}{P(D + \lambda)}q(x)\right\}$$
$$= e^{\lambda x}q(x)$$

となるので, この式から,

$$\frac{1}{P(D)}\{e^{\lambda x}q(x)\} = e^{\lambda x}\frac{1}{P(D + \lambda)}q(x) \tag{4.51}$$

が得られる. この式の

$$\lambda = \alpha + i\beta,$$
$$q(x) = r(x)$$

として,

> ステップ 3：公式 **$q(x)$ が指数関数，三角関数および多項式の積の場合の 特殊解**
>
> $$y_0 = \frac{1}{P(D)}\{r(x)e^{\alpha x}\cos\beta x\} = \text{Re}\left\{e^{(\alpha+i\beta)x}\frac{1}{P(D+\alpha+i\beta)}r(x)\right\},$$
> $$(4.52)$$
>
> $$y_0 = \frac{1}{P(D)}\{r(x)e^{\alpha x}\sin\beta x\} = \text{Im}\left\{e^{(\alpha+i\beta)x}\frac{1}{P(D+\alpha+i\beta)}r(x)\right\}$$
> $$(4.53)$$

が得られる．この関数 $q(x)$ の場合には，そのまま微分演算子 $P(D)$ のままで (4.52) 式や (4.53) 式を利用すると計算が非常に複雑になるので，できるだけ (4.33) 式のように部分分数に分解して，$\dfrac{1}{D-\lambda}q(x)$ の形にしてから

> ステップ 4：公式 **$q(x)$ が指数関数，三角関数および多項式の積の場合の $\frac{1}{D-\lambda}q(x)$ の公式**
>
> $$y_0 = \frac{1}{D-\lambda}\{r(x)e^{\alpha x}\cos\beta x\} = \text{Re}\left\{e^{(\alpha+i\beta)x}\frac{1}{D+\alpha+i\beta-\lambda}r(x)\right\},$$
> $$(4.54)$$
>
> $$y_0 = \frac{1}{D-\lambda}\{r(x)e^{\alpha x}\sin\beta x\} = \text{Im}\left\{e^{(\alpha+i\beta)x}\frac{1}{D+\alpha+i\beta-\lambda}r(x)\right\}$$
> $$(4.55)$$

を利用した方がよい．

───例題 **4.12**───

非同次線形微分方程式 $y'' + 2y' + 5y = 18xe^{-x}\cos x$ を解け．

**解答** 同次方程式の特性方程式は

$$\lambda^2 + 2\lambda + 5 = \{\lambda - (-1+2i)\}\{\lambda - (-1-2i)\} = 0$$

となるので，解は $-1 \pm 2i$ である．従って余関数は

$$e^{-x}(C_1\cos 2x + C_2\sin 2x) \quad (C_1, C_2 \text{ は任意定数})$$

である. $P(D) = D^2 + 2D + 5$ とすると, 非同次項 $r(x)e^{\alpha x}\cos\beta x$ において $r(x) = 18x$, $\alpha = -1$, $\beta = 1$ の場合であるので, 特殊解 $y_0$ は

$$y_0 = \mathrm{Re}\left[\frac{1}{P(D)}\left\{18xe^{(-1+i)x}\right\}\right]$$

$$= 18 \times \mathrm{Re}\left[\frac{1}{4i}\left(\frac{1}{D-(-1+2i)} - \frac{1}{D-(-1-2i)}\right)\left\{xe^{(-1+i)x}\right\}\right]$$

$$= 18 \times \mathrm{Re}\left[\frac{1}{4i}e^{(-1+i)x}\left\{\frac{1}{(D-1+i)+1-2i}x\right.\right.$$
$$\left.\left. -\frac{1}{(D-1+i)+1+2i}x\right\}\right]$$

$$= 18 \times \mathrm{Re}\left[\frac{1}{4i}e^{(-1+i)x}\left\{\frac{1}{D-i}x - \frac{1}{D+3i}x\right\}\right]$$

$$= 18 \times \mathrm{Re}\left[\frac{1}{4i}e^{(-1+i)x}\left\{-\frac{1}{i}\left(1+\frac{D}{i}\right)x - \frac{1}{3i}\left(1-\frac{D}{3i}\right)x\right\}\right]$$

$$= 18 \times \mathrm{Re}\left[\frac{1}{4i}e^{(-1+i)x}\left(\frac{8}{9} + \frac{4xi}{3}\right)\right]$$

$$= 18e^{-x} \times \mathrm{Re}\left\{\frac{1}{4i}(\cos x + i\sin x)\left(\frac{8}{9} + \frac{4xi}{3}\right)\right\}$$

$$= 4e^{-x}\sin x + 6xe^{-x}\cos x$$

であり, 従って一般解は

$$y = e^{-x}(C_1\cos 2x + C_2\sin 2x) + 4e^{-x}\sin x + 6xe^{-x}\cos x$$
$$(C_1,\ C_2\ は任意定数)$$

である. □

⊘ **チェック問題 4.12**　非同次線形微分方程式 $y'' - y' - 2y = 4(x+1)e^x$ を解け.

# 4.4 未定係数法による定数係数 2 階非同次線形微分方程式の解法
—特殊解の関数形を仮定して微分と代数計算によって係数を求めることによって解くパターン

---
**━━━━ 未定係数法による非同次方程式の解法 ━━━━**

　前節では，定数係数 2 階非同次線形微分方程式について記号解法を用いることによって，非同次項 $q(x)$ が指数関数，三角関数および多項式を含む場合の特殊解の求め方を，具体的な関数形で分類して紹介した．この結果から明らかになったことは，定数係数の非同次線形微分方程式では，$q(x)$ が上記のような関数形の場合には，特殊解の形がその $q(x)$ の形と同次方程式の特性方程式の解によって予想できるということである．この節では，定数係数 2 階非同次線形微分方程式を未定係数法を利用して解く方法について学ぶ．未定係数法とは，特殊解の関数形を仮定し，その未定係数を微分と代数計算によって求めるというものであり，これにより比較的簡単な計算で特殊解を求めることができる．ここでは，記号解法での分類に従いながら，未定係数法による解法について紹介する．

---

　$a, b$ を実定数とする非同次線形微分方程式 (4.15) 式において，$q(x)$ の形が，指数関数，三角関数および多項式の積：$x^l e^{\alpha x}$, $x^l e^{\alpha x} \cos \beta x$, $x^l e^{\alpha x} \sin \beta x$ などの 1 次結合である場合には，特殊解は**未定係数法**を用いて解くことができる．以下に，前節の記号解法における $q(x)$ の分類に沿って特殊解の形を設定し，その係数を求める方法について説明する．ここで，定数係数 2 階非同次線形微分方程式に対する記号解法の微分演算子を定義した (4.28) 式をもとに，同次方程式の特性方程式を $P(\lambda) = 0$ とし，特殊解を $y_0$ とする．

(I) 　$q(x)$ が指数関数 $ke^{\alpha x}$ （$k$ は実定数）の場合

(I-i) 　$P(\alpha) \neq 0$ のとき

　非同次方程式の特殊解を[18]

---
[18] 例題 4.5 およびチェック問題 4.5 の解を確認せよ．

| ステップ 1：キーポイント | $q(x) = ke^{\alpha x}$ $(P(\alpha) \neq 0)$ の場合の特殊解のおき方 |
|---|---|

$$y_0 = Ae^{\alpha x} \tag{4.56}$$

とおく．これを非同次方程式

$$y'' + ay' + by = ke^{\alpha x}$$

に直接代入し，未定係数 $A$ の満足する方程式を導出し解けばよい．

―――例題 **4.13**―――

非同次線形微分方程式 $y'' + 10y' + 24y = -6e^{-3x}$ を解け．

**解答**　同次方程式の特性方程式は

$$\lambda^2 + 10\lambda + 24 = (\lambda + 4)(\lambda + 6) = 0$$

となるので，解は $-4$, $-6$ である．従って余関数は

$$C_1 e^{-4x} + C_2 e^{-6x} \quad (C_1, C_2 \text{ は任意定数})$$

である．$P(D) = D^2 + 10D + 24$ とすると，非同次項 $ke^{\alpha x}$ において $k = -6$, $\alpha = -3$ の場合であるので，

$$P(-3) = (-3)^2 + 10 \times (-3) + 24 = 3 \neq 0$$

である．特殊解を $y_0 = Ae^{-3x}$ とおくと，

$$y_0' = -3Ae^{-3x}, \quad y_0'' = 9Ae^{-3x}$$

より，$y_0, y_0', y_0''$ を与式に代入して非同次項と比較すると，

$$9Ae^{-3x} + 10 \times (-3Ae^{-3x}) + 24 \times Ae^{-3x} = 3Ae^{-3x} = -6e^{-3x}$$

から，$3A = -6$ を解くと $A = -2$ であるので，特殊解は $y_0 = -2e^{-3x}$ である．従って一般解は

$$y = C_1 e^{-4x} + C_2 e^{-6x} - 2e^{-3x} \quad (C_1, C_2 \text{ は任意定数})$$

である．　　　　　　　　　　　　　　　　　　　　　　　　□

✅ **チェック問題 4.13**　非同次線形微分方程式 $y'' - \dfrac{y}{4} = 3e^x + 6e^{-x}$ を解け．

(I-ii) $P(\alpha) = 0$ のとき

$\alpha$ が特性方程式 $P(\lambda) = 0$ の $m$ 重解であるとする．この場合の非同次方程式の特殊解を[19)]

---

**ステップ 1：キーポイント** $\boldsymbol{q(x) = ke^{\alpha x} \ (P(\alpha) \neq 0)}$ **の場合の特殊解のおき方**

$$y_0 = Ax^m e^{\alpha x} \tag{4.57}$$

---

とおく．これを非同次方程式

$$y'' + ay' + by = ke^{\alpha x}$$

に直接代入し，未定係数 $A$ の満足する方程式を導出し解けばよい．

---**例題 4.14**---

非同次線形微分方程式 $y'' + 3y' - 18y = 2e^{3x}$ を解け．

---

**解答** 同次方程式の特性方程式は

$$\lambda^2 + 3\lambda - 18 = (\lambda + 6)(\lambda - 3) = 0$$

となるので，解は $-6, 3$ である．従って余関数は

$$C_1 e^{-6x} + C_2 e^{3x} \quad (C_1, C_2 \text{ は任意定数})$$

である．$P(D) = D^2 + 3D - 18$ とすると，非同次項 $ke^{\alpha x}$ において $k = 2$，$\alpha = 3$ の場合であるので，3 は，多重度 $m = 1$ の特性方程式の解である $(P(3) = (3)^2 + 3 \times 3 - 18 = 0)$．特殊解を $y_0 = Ax^1 e^{3x}$ とおくと，

$$y_0' = Ae^{3x} + 3Axe^{3x}, \quad y_0'' = 6Ae^{3x} + 9Axe^{3x}$$

より，$y_0, y_0', y_0''$ を与式に代入して非同次項と比較すると，

$$6Ae^{3x} + 9Axe^{3x} + 3 \times (Ae^{3x} + 3Axe^{3x}) - 18 \times Axe^{3x} = 9Ae^{3x} = 2e^{3x}$$

から[20)]，$9A = 2$ を解くと $A = \dfrac{2}{9}$ であるので，特殊解は $y_0 = \dfrac{2xe^{3x}}{9}$ である．従って一般解は

$$y = C_1 e^{-6x} + C_2 e^{3x} + \frac{2xe^{3x}}{9} \quad (C_1, C_2 \text{ は任意定数})$$

である． □

---

[19)] 例題 4.6 およびチェック問題 4.6 の解を確認せよ．

[20)] $xe^{3x}$ の項が消えていることに注意しよう．

✅ **チェック問題 4.14** 非同次線形微分方程式 $y'' - 4y' + 4y = 2e^{2x}$ を解け.

(II) $q(x)$ が三角関数 $k\cos\beta x,\ k\sin\beta x$ の場合（$k$ は実定数）

(II-i) $P(i\beta) \neq 0$ のとき

非同次方程式の特殊解を[21]

> ### ステップ1：キーポイント $\ q(x) = k\cos\beta x$ もしくは $k\sin\beta x$
> ### $(P(i\beta) \neq 0)$ の場合の特殊解のおき方
>
> $$y_0 = A\cos\beta x + B\sin\beta x \tag{4.58}$$

とおく[22]. これを非同次方程式

$$y'' + ay' + by = k\cos\beta x,\ \text{もしくは}\quad k\sin\beta x$$

に直接代入し, 未定係数 $A, B$ の満足する方程式を導出し解けばよい.

---
**例題 4.15**

非同次線形微分方程式 $y'' + 4y' + 20y = 10\sin 2x$ を解け.

---

**解答** 同次方程式の特性方程式は

$$\lambda^2 + 4\lambda + 20 = \{\lambda - (-2 + 4i)\}\{\lambda - (-2 - 4i)\} = 0$$

となるので, 解は $-2 \pm 4i$ である. 従って余関数は

$$e^{-2x}(C_1\cos 4x + C_2\sin 4x) \quad (C_1, C_2 \text{ は任意定数})$$

である. $P(D) = D^2 + 4D + 20$ とすると, 非同次項 $k\sin\beta x$ において $k = 10$, $\beta = 2$ の場合であるので,

$$P(2i) = (2i)^2 + 4 \times (2i) + 20 = 16 + 8i \neq 0$$

である. 特殊解を $y_0 = A\cos 2x + B\sin 2x$ とおくと,

$$y_0' = -2A\sin 2x + 2B\cos 2x,\quad y_0'' = -4A\cos 2x - 4B\sin 2x$$

より, $y_0, y_0', y_0''$ を与式に代入して非同次項と比較すると,

---

[21] 例題 4.7 およびチェック問題 4.7 の解を確認せよ.

[22] $\cos\beta x$ を微分すれば $-\beta\sin\beta x$, $\sin\beta x$ を微分すれば $\beta\cos\beta x$ となることを考えれば, 両方の関数を入れなければならないことは理解できる.

$$-4A\cos 2x - 4B\sin 2x + 4 \times (-2A\sin 2x + 2B\cos 2x)$$
$$+ 20 \times (A\cos 2x + B\sin 2x)$$
$$= (16A + 8B)\cos 2x + (-8A + 16B)\sin 2x$$
$$= 10\sin 2x$$

から，連立 1 次方程式

$$\begin{cases} 16A + 8B = 0 \\ -8A + 16B = 10 \end{cases}$$

を解くと $A = -\dfrac{1}{4}$, $B = \dfrac{1}{2}$ であるので，特殊解は $y_0 = -\dfrac{\cos 2x}{4} + \dfrac{\sin 2x}{2}$ である．従って一般解は

$$y = e^{-2x}(C_1\cos 4x + C_2\sin 4x) - \frac{\cos 2x}{4} + \frac{\sin 2x}{2}$$
$$(C_1,\ C_2 \text{ は任意定数})$$

である． □

✅ **チェック問題 4.15** 非同次線形微分方程式 $y'' + 4y' + 2y = 17\cos x$ を解け．

(II-ii) $P(i\beta) = 0$ のとき

$i\beta$ が特性方程式 $P(\lambda) = 0$ の $m$ 重解であるとする．この場合の非同次方程式の特殊解を[23]

---

**ステップ 1 ：キーポイント** $\boldsymbol{q(x) = k\cos\beta x}$ もしくは $\boldsymbol{k\sin\beta x}$
$\boldsymbol{(P(i\beta) = 0)}$ **の場合の特殊解のおき方**

$$y_0 = x^m(A\cos\beta x + B\sin\beta x) \tag{4.59}$$

---

とおく．これを非同次方程式

$$y'' + ay' + by = k\cos\beta x,\ \text{もしくは}\quad k\sin\beta x$$

に直接代入し，未定係数 $A$, $B$ の満足する方程式を導出し解けばよい．

---

[23] 例題 4.8 およびチェック問題 4.8 の解を確認せよ．

─**例題 4.16**─

非同次線形微分方程式 $y'' + 16y = 8\sin 4x$ を解け.

**解答** 同次方程式の特性方程式は

$$\lambda^2 + 16 = (\lambda + 4i)(\lambda - 4i) = 0$$

となるので, 解は $\pm 4i$ である. 従って余関数は

$$C_1 \cos 4x + C_2 \sin 4x \quad (C_1, C_2 \text{ は任意定数})$$

である. $P(D) = D^2 + 16$ とすると, 非同次項 $k\sin\beta x$ において $k = 8, \beta = 4$ の場合であるので, $4i$ は特性方程式の解 $(m = 1)$ である $(P(4i) = (4i)^2 + 16 = 0)$. 特殊解を $y_0 = x(A\cos 4x + B\sin 4x)$ とおくと,

$$y_0' = A\cos 4x + B\sin 4x - 4Ax\sin 4x + 4Bx\cos 4x,$$

$$y_0'' = -8A\sin 4x + 8B\cos 4x - 16Ax\cos 4x - 16Bx\sin 4x$$

より, $y_0, y_0''$ を与式に代入して非同次項と比較すると,

$$-8A\sin 4x + 8B\cos 4x - 16Ax\cos 4x - 16Bx\sin 4x$$
$$+ 16 \times (Ax\cos 4x + Bx\sin 4x)$$
$$= 8B\cos 4x - 8A\sin 4x = 8\sin 4x$$

から, 連立 1 次方程式

$$\begin{cases} 8B = 0 \\ -8A = 8 \end{cases}$$

を解くと $A = -1, B = 0$ であるので, 特殊解は $y_0 = -x\cos 4x$ である. 従って一般解は

$$y = C_1 \cos 4x + C_2 \sin 4x - x\cos 4x \quad (C_1, C_2 \text{ は任意定数})$$

である. □

**(注意)** この分類における実数の定数係数の 2 階定数係数非同次線形微分方程式は, $y'' + \beta^2 y = q(x), q(x) = k\cos\beta x$ もしくは $q(x) = k\sin\beta x$ と表されるので, $y_0 = x(A\cos\beta x + B\sin\beta x)$ とおくと, 同様の計算により, $q(x) = k\cos\beta x$ の場合には $y_0 = \dfrac{k}{2\beta} x\sin\beta x, q(x) = k\sin\beta x$ の場合には $y_0 = -\dfrac{k}{2\beta} x\cos\beta x$ が得られることに注意しよう. これは記号解法の中の (4.42) 式と (4.43) 式で示したことである.

⚫ **チェック問題 4.16** 非同次線形微分方程式 $y'' + y = 2\cos x$ を解け.

(III) $q(x)$ が指数関数と三角関数の積 $ke^{\alpha x}\cos\beta x$, $ke^{\alpha x}\sin\beta x$ ($k$ は実定数) の場合

(III-i) $P(\alpha + i\beta) \neq 0$ のとき
非同次方程式の特殊解を[24)]

| ステップ 1：キーポイント | $q(x) = ke^{\alpha x}\cos\beta x$ もしくは $ke^{\alpha x}\sin\beta x$ |
|---|---|

$$(P(\alpha + i\beta) \neq 0) \text{ の場合の特殊解のおき方}$$

$$y_0 = e^{\alpha x}(A\cos\beta x + B\sin\beta x) \tag{4.60}$$

とおく. これを非同次方程式

$$y'' + ay' + by = ke^{\alpha x}\cos\beta x, \text{ もしくは } ke^{\alpha x}\sin\beta x$$

に直接代入し, 未定係数 $A, B$ の満足する方程式を導出し解けばよい.

---**例題 4.17**---

非同次線形微分方程式 $y'' + y' = -2e^{-x}\cos x$ を解け.

**解答** 同次方程式の特性方程式は

$$\lambda^2 + \lambda = \lambda(\lambda + 1) = 0$$

となるので, 解は $0, -1$ である. 従って余関数は

$$C_1 + C_2 e^{-x} \quad (C_1, C_2 \text{ は任意定数})$$

である. $P(D) = D^2 + D$ とすると, 非同次項 $ke^{\alpha x}\cos\beta x$ において $k = -2$, $\alpha = -1$, $\beta = 1$ の場合であるので,

$$P(-1 + i) = (-1 + i)^2 + (-1 + i) = -1 - i \neq 0$$

である. 特殊解を $y_0 = e^{-x}(A\cos x + B\sin x)$ とおくと,

$$y_0' = e^{-x}\{(-A + B)\cos x + (-A - B)\sin x\},$$
$$y_0'' = e^{-x}(-2B\cos x + 2A\sin x)$$

より, $y_0, y_0''$ を与式に代入して非同次項と比較すると,

---

24) 例題 4.9 およびチェック問題 4.9 の解を確認せよ.

$$e^{-x}(-2B\cos x + 2A\sin x)$$
$$+ e^{-x}\{(-A+B)\cos x + (-A-B)\sin x\}$$
$$= e^{-x}\{(-A-B)\cos x + (A-B)\sin x\} = -2e^{-x}\cos x$$

から，連立 1 次方程式

$$\begin{cases} -A-B = -2 \\ A-B = 0 \end{cases}$$

を解くと $A = 1$, $B = 1$ であるので，特殊解は $y_0 = e^{-x}(\cos x + \sin x)$ である．従って一般解は

$$y = C_1 + C_2 e^{-x} + e^{-x}(\cos x + \sin x) \quad (C_1, C_2 \text{ は任意定数})$$

である．　　　　　　　　　　　　　　　　　　　　　　　　　□

✅ **チェック問題 4.17**　非同次線形微分方程式 $y'' + 2y' + 2y = 8e^x \sin x$ を解け．

(III-ii)　$P(\alpha + i\beta) = 0$ のとき

$\alpha + i\beta$ が特性方程式 $P(\lambda) = 0$ の $m$ 重解であるとする．この場合の非同次方程式の特殊解を[25]

| ステップ 1：**キーポイント**　$q(x) = ke^{\alpha x}\cos\beta x$ もしくは $ke^{\alpha x}\sin\beta x$ |
|---|
| $(P(\alpha + i\beta) = 0)$ の場合の特殊解のおき方 |

$$y_0 = x^m e^{\alpha x}(A\cos\beta x + B\sin\beta x) \tag{4.61}$$

とおく．これを非同次方程式

$$y'' + ay' + by = ke^{\alpha x}\cos\beta x, \text{ もしくは } ke^{\alpha x}\sin\beta x$$

に直接代入し，未定係数 $A, B$ の満足する方程式を導出し解けばよい．

――**例題 4.18**――
非同次線形微分方程式 $y'' + 2y' + 10y = 6e^{-x}\sin 3x$ を解け．

**解答**　同次方程式の特性方程式は

$$\lambda^2 + 2\lambda + 10 = \{\lambda - (-1+3i)\}\{\lambda - (-1-3i)\} = 0$$

---

[25] 例題 4.10 およびチェック問題 4.10 の解を確認せよ．

となるので，解は $-1 \pm 3i$ である．従って余関数は

$$e^{-x}(C_1 \cos 3x + C_2 \sin 3x) \quad (C_1, C_2 \text{ は任意定数})$$

である．$P(D) = D^2 + 2D + 10$ とすると，非同次項 $ke^{\alpha x} \sin \beta x$ において $k = 6$, $\alpha = -1$, $\beta = 3$ の場合であるので，$-1 + 3i$ は特性方程式の多重度 1 の解である（$P(-1 + 3i) = (-1 + 3i)^2 + 2(-1 + 3i) + 10 = 0$）．特殊解を $y_0 = xe^{-x}(A \cos 3x + B \sin 3x)$ とおくと，

$$\begin{aligned}
y_0' &= e^{-x}(A \cos 3x + B \sin 3x) \\
&\quad + xe^{-x}\{(-A + 3B) \cos 3x + (-3A - B) \sin 3x\}, \\
y_0'' &= e^{-x}\{(-2A + 6B) \cos 3x + (-6A - 2B) \sin 3x\} \\
&\quad + xe^{-x}\{(-8A - 6B) \cos 3x + (6A - 8B) \sin 3x\}
\end{aligned}$$

より，$y_0, y_0', y_0''$ を与式に代入して非同次項と比較すると，

$$\begin{aligned}
&e^{-x}\{(-2A + 6B) \cos 3x + (-6A - 2B) \sin 3x\} \\
&\quad + xe^{-x}\{(-8A - 6B) \cos 3x + (6A - 8B) \sin 3x\} \\
&\quad + 2[e^{-x}(A \cos 3x + B \sin 3x) \\
&\qquad + xe^{-x}\{(-A + 3B) \cos 3x + (-3A - B) \sin 3x\}] \\
&\quad + 10xe^{-x}(A \cos 3x + B \sin 3x) \\
&= 6Be^{-x} \cos 3x - 6Ae^{-x} \sin 3x = 6e^{-x} \sin 3x
\end{aligned}$$

から，連立 1 次方程式

$$\begin{cases} 6B = 0 \\ -6A = 6 \end{cases}$$

を解くと $A = -1$, $B = 0$ であるので，特殊解は $y_0 = -xe^{-x} \cos 3x$ である．従って一般解は

$$y = e^{-x}(C_1 \cos 3x + C_2 \sin 3x) - xe^{-x} \cos 3x \quad (C_1, C_2 \text{ は任意定数})$$

である． □

（注意） この分類における実数の定数係数の 2 階定数係数非同次線形微分方程式は $y'' - 2\alpha y' + (\alpha^2 + \beta^2)y = q(x)$, $q(x) = ke^{\alpha x} \cos \beta x$ もしくは $q(x) = ke^{\alpha x} \sin \beta x$ と表されるので, $y_0 = xe^{\alpha x}(A \cos \beta x + B \sin \beta x)$ とおくと, $q(x)$ が $ke^{\alpha x} \cos \beta x$ の場合には $y_0 = \dfrac{k}{2\beta} xe^{\alpha x} \sin \beta x$, $ke^{\alpha x} \sin \beta x$ の場合には $y_0 = -\dfrac{k}{2\beta} xe^{\alpha x} \cos \beta x$ が得られることに注意しよう. これは記号解法の中の (4.46) 式と (4.47) 式で示したことである.

✅ **チェック問題 4.18** 非同次線形微分方程式 $y'' - 4y' + 8 = 4e^{2x} \cos 2x$ を解け.

**(IV) $q(x)$ が多項式の場合**

0 が特性方程式 $P(\lambda) = 0$ の多重度 $m$ の解であるとする. ただし, 解でない場合には, $m = 0$ とする. 非同次項 $q(x)$ は $l$ 次の多項式 $q(x) = \displaystyle\sum_{j=0}^{l} k_j x^j$ （$k_j$ は実定数）の場合の非同次方程式の特殊解を[26]

---

| ステップ1：キーポイント |
|---|
| **$q(x)$ が多項式の場合の特殊解 $y_0$ のおき方** |
| **（0 が特性方程式の $m$ 重解とする）** |
| $$y_0 = x^m \sum_{j=0}^{l} A_j x^j \qquad (4.62)$$ |

---

とおく. これを非同次方程式

$$y'' + ay' + by = \sum_{j=0}^{l} k_j x^j$$

に直接代入し, それぞれの次数での係数を比較することにより, 未定係数 $A_j$ の満足する方程式を導出し解けばよい. なお, 2 階定数係数非同次線形微分方程式の場合には, $a \neq 0$, $b = 0$ のとき $m = 1$ であり, $a = b = 0$ のとき $m = 2$ である.

---

**例題 4.19**

非同次線形微分方程式 $y'' - 3y' - 10y = 5x^2 - 2x$ を解け.

---

[26] 例題 4.11 およびチェック問題 4.11 の解を確認せよ.

**解答**　同次方程式の特性方程式は

$$\lambda^2 - 3\lambda - 10 = (\lambda + 2)(\lambda - 5) = 0$$

となるので, 解は $-2, 5$ である. 従って余関数は

$$C_1 e^{-2x} + C_2 e^{5x} \quad (C_1, C_2 \text{ は任意定数})$$

である. $P(D) = D^2 - 3D - 10$ とすると, 非同次項は 2 次の多項式 ($l = 2$) であり, また 0 は

$$P(0) = 0^2 - 3 \times 0 - 10 = -10 \neq 0$$

より特性方程式の解ではない. よって特殊解を

$$y_0 = \sum_{j=0}^{2} A_j x^j = A_2 x^2 + A_1 x + A_0$$

とおくと,

$$y_0' = 2A_2 x + A_1, \quad y_0'' = 2A_2$$

より, $y_0, y_0', y_0''$ を与式に代入して非同次項と比較すると,

$$2A_2 - 3(2A_2 x + A_1) - 10(A_2 x^2 + A_1 x + A_0)$$
$$= -10A_2 x^2 + (-10A_1 - 6A_2)x + (-10A_0 - 3A_1 + 2A_2)$$
$$= 5x^2 - 2x$$

から, 連立 1 次方程式

$$\begin{cases} -10A_2 = 5 \\ -10A_1 - 6A_2 = -2 \\ -10A_0 - 3A_1 + 2A_2 = 0 \end{cases}$$

を解くと $A_0 = -\dfrac{1}{4}, A_1 = \dfrac{1}{2}, A_2 = -\dfrac{1}{2}$ であるので, 特殊解は

$$y_0 = -\frac{x^2}{2} + \frac{x}{2} - \frac{1}{4}$$

である. 従って一般解は

$$y = C_1 e^{-2x} + C_2 e^{5x} - \frac{x^2}{2} + \frac{x}{2} - \frac{1}{4} \quad (C_1, C_2 \text{ は任意定数})$$

である. □

✅ **チェック問題 4.19**　非同次線形微分方程式 $y'' - 2y' = 6x^2 + 2x - 4$ を解け.

(V)　$q(x)$ が指数関数，三角関数および多項式の積の場合

非同次項が $q(x) = r(x)e^{\alpha x} \cos \beta x$ もしくは $q(x) = r(x)e^{\alpha x} \sin \beta x$ （$r(x)$ は $l$ 次の多項式）である場合について説明しよう．(4.52) 式と (4.53) 式から，$\alpha + i\beta$ が特性方程式 $P(\lambda) = 0$ の多重度 $m$ の解であるかどうかで多項式部分の関数形が異なる．（この場合も，$\alpha + i\beta$ が特性方程式の解でなければ，$m = 0$ とすればよい．）非同次項の中の $r(x)$ は $l$ 次の多項式

$$r(x) = \sum_{j=0}^{l} k_j x^j \quad (k_j \text{ は実定数})$$

の場合の非同次方程式の特殊解を[27]

---

**ステップ 1：キーポイント**　　$q(x)$ が指数関数，三角関数，多項式の積の場合の特殊解のおき方（$\alpha + i\beta$ が特性方程式の $m$ 重解とする）

$$y_0 = x^m e^{\alpha x} \left\{ \cos \beta x \sum_{j=0}^{l} A_j x^j + \sin \beta x \sum_{j=0}^{l} B_j x^j \right\} \qquad (4.63)$$

---

とおく．これを非同次方程式

$$y'' + ay' + by = e^{\alpha x} \cos \beta x \sum_{j=0}^{l} k_j x^j, \text{ もしくは } e^{\alpha x} \sin \beta x \sum_{j=0}^{l} k_j x^j$$

に直接代入し，それぞれの関数での係数を比較することにより，未定係数 $A_j$，$B_j$ の満足する方程式を導出し解けばよい．

---

[27] 例題 4.12 およびチェック問題 4.12 の解を確認せよ．

---
**——例題 4.20——**

非同次線形微分方程式 $y'' + 3y = 24xe^{-3x}$ を解け.

---

**解答** 同次方程式の特性方程式は

$$\lambda^2 + 3 = (\lambda + \sqrt{3})(\lambda - \sqrt{3}) = 0$$

となるので, 解は $\pm\sqrt{3}$ である. 従って余関数は

$$C_1 \cos\sqrt{3}\,x + C_2 \sin\sqrt{3}\,x \quad (C_1,\, C_2 \text{ は任意定数})$$

である. $P(D) = D^2 + 3$ とすると, 非同次項 $q(x) = r(x)e^{\alpha x}\cos\beta x$ において $r(x)$ は 1 次の多項式 $(l = 1)$ であり, $\alpha = -3$, $\beta = 0$ の場合であるから, $-3$ は

$$P(-3) = (-3)^2 + 3 = 12 \neq 0$$

より特性方程式の解ではない. よって特殊解を

$$y_0 = e^{-3x}\sum_{j=0}^{1} A_j x^j = e^{-3x}(A_1 x + A_0)$$

とおくと,

$$y_0' = e^{-3x}\{-3A_1 x + (-3A_0 + A_1)\},$$
$$y_0'' = e^{-3x}\{9A_1 x + (9A_0 - 6A_1)\}$$

より, $y_0$, $y_0''$ を与式に代入して非同次項と比較すると,

$$e^{-3x}\{9A_1 x + (9A_0 - 6A_1)\} + 3e^{-3x}(A_1 x + A_0)$$
$$= e^{-3x}\{12A_1 x + (12A_0 - 6A_1)\}$$
$$= 24xe^{-3x}$$

から, 連立 1 次方程式

$$\begin{cases} 12A_1 = 24 \\ 12A_0 - 6A_1 = 0 \end{cases}$$

を解くと $A_0 = 1$, $A_1 = 2$ であるので, 特殊解は $y_0 = e^{-3x}(2x + 1)$ である. 従って一般解は

$$y = C_1 \cos\sqrt{3}\,x + C_2 \sin\sqrt{3}\,x + e^{-3x}(2x + 1) \quad (C_1,\, C_2 \text{ は任意定数})$$

である. □

**✓ チェック問題 4.20** 非同次線形微分方程式 $y'' - y = 2x\sin x$ を解け.

# 4 章の演習問題

（解答は，https://www.saiensu.co.jp の本書のサポートページを参照）

☐ **1**　次の 2 階同次線形微分方程式を解け.

(1)　$y'' - y' - 110y = 0$　　　(2)　$y'' - 2y' - 17y = 0$

(3)　$y'' + 14y' + 49y = 0$　　(4)　$y'' + 81y = 0$

(5)　$y'' + 8y' + 25y = 0$　　　(6)　$y'' - 6y' + 12y = 0$

☐ **2**　次の 2 階非同次線形微分方程式について，定数変化法で解け.

(1)　$y'' + 4y' + 4y = \dfrac{2e^{-2x}}{x^3}$　　(2)　$y'' + 25y = \dfrac{25}{\sin 5x}$

(3)　$y'' - 2y' + 2y = \dfrac{e^x}{\cos x}$　　(4)　$y'' + 2y' + y = 4e^{-x}\log x$

☐ **3**　次の 2 階非同次線形微分方程式について，記号解法と未定係数法を利用する方法でそれぞれ解け.

(1)　$y'' - y' - 20y = 10e^{6x}$　　　　(2)　$y'' - 4y' - 21y = 10e^{-3x}$

(3)　$y'' - 3y = -\cos 2x$　　　　　　(4)　$y'' + 64y = 16\cos 8x + 16\sin 8x$

(5)　$y'' - 11y' + 30y = 2e^{5x}\cos x$　(6)　$y'' - 6y' + 10y = 2e^{3x}\cos x$

(7)　$y'' + 3y' - 4y = 4x - 3$　　　　(8)　$y'' - 9y = 36xe^{3x}$

# 第5章
# 高階線形微分方程式と変数係数の線形微分方程式

　前章では，定数係数の2階線形微分方程式について，いくつかの解法を紹介した．この章では，まず一般的な線形微分方程式の基礎理論について，前章の知見をもとに説明する．具体的には，高階線形微分方程式と変数係数の線形微分方程式の解の構造について学ぶ．基本的な考え方は，前章の内容を拡張したものであり，解を求める上でも，定数係数の場合の特性方程式の解を求める方法，定数変化法，記号解法，未定係数法など，同じ方法を適用する場合も多い．なお解の構造についての一般的な定理の証明は省略するが，その定理が意味する内容を理解することは重要であるので，できるだけ前章の説明と比較しながら学習していただきたい．変数係数の線形微分方程式については，一般的な解法公式というものがないので，本書ではいくつかの代表的な場合にしぼって説明する．また級数解法という通常の解法とは違う解法も紹介する．この級数解法から得られるある種の解は，特殊関数とよばれる関数であることが知られており，物理や工学への応用上重要である．

[5章の内容]

高階線形微分方程式の解の構造

定数係数高階線形微分方程式の解法

変数係数線形微分方程式の解法

# 5.1 高階線形微分方程式の解の構造
### ―定数係数の 2 階線形微分方程式の解の構造をもとにした一般化

=== 高階線形微分方程式の解の構造 ===

　定数係数 2 階非同次線形微分方程式の一般解の構造をもとに，変数係数の場合も含む $n$ 階線形微分方程式の解についての基礎的な理解を目的として拡張していく．もととなるのは，1 次独立や 1 次従属といった考え方に基づく基本解の構成についてであり，関数行列式であるロンスキアンの利用である．

　ある区間 $I$ で定義された変数係数 $n$ 階非同次線形微分方程式の一般形は，

$$p_0(x)y^{(n)} + p_1(x)y^{(n-1)} + \cdots + p_{n-1}(x)y' + p_n(x)y = q(x) \quad (5.1)$$

と表される．本書では，$p_0(x) \neq 0$ である場合のみを取り扱い，両辺を $p_0(x)$ で割り，改めて $p_0(x) \equiv 1$ とした，

$$y^{(n)} + p_1(x)y^{(n-1)} + \cdots + p_{n-1}(x)y' + p_n(x)y = q(x) \quad (5.2)$$

の形を取り扱う[1]．まず非同次項 $q(x) \equiv 0$ である同次方程式

$$y^{(n)} + p_1(x)y^{(n-1)} + \cdots + p_{n-1}(x)y' + p_n(x)y = 0 \quad (5.3)$$

を考える．

　前章で説明したように，$y_1(x)$ と $y_2(x)$ が，(5.3) 式の解ならば，解の重ね合わせにより，定数 $c_1, c_2$ に対して，

$$c_1 y_1(x) + c_2 y_2(x)$$

も (5.3) 式の解である．これを拡張して，基本解を構成する．基本的な考え方は 4.1 節の内容なので，逐次比較参照されたい．

　同次線形微分方程式 (5.3) 式の解として，$n$ 個の関数 $y_1(x), y_2(x), \ldots, y_n(x)$ が得られたとする．これらの関数について，1 次関係

---

[1] $p_1(x), p_2(x), \ldots, p_n(x)$ は，区間 $I$ で有界連続であるとする．

$$c_1 y_1(x) + c_2 y_2(x) + \cdots + c_n y_n(x) \equiv 0 \tag{5.4}$$

を考え，区間 $I$ のすべての $x$ について恒等的に満足するような定数 $c_1, c_2, \ldots,$ $c_n$ を求める．このとき，(5.4) 式を満たす $c_1, c_2, \ldots, c_n$ が

$$c_1 = c_2 = \cdots = c_n = 0$$

の場合に限られるとき，$y_1(x), y_2(x), \ldots, y_n(x)$ は 1 次独立であるという．1 次独立であるかどうかを判定する条件として，$n$ 次の関数行列式であるロンスキアン

---

**ステップ1：キーポイント**　**ロンスキアンと1次独立**

$$W[y_1(x), y_2(x), \ldots, y_n(x)]$$

$$= \begin{vmatrix} y_1(x) & y_2(x) & \cdots & y_n(x) \\ y_1'(x) & y_2'(x) & \cdots & y_n'(x) \\ \cdots & \cdots & \cdots & \cdots \\ y_1^{(n-1)}(x) & y_2^{(n-1)}(x) & \cdots & y_n^{(n-1)}(x) \end{vmatrix} \tag{5.5}$$

を定義すると，$n$ 個の解が1次独立であるための条件は，ロンスキアンが零にならないことである．

---

詳しい証明は省略するが，(5.4) 式とそれを $n-1$ 階まで順次微分した $n-1$ 個の式を加えた $n$ 元連立1次方程式をたてて，その解が

$$c_1 = c_2 = \cdots = c_n = 0$$

の場合に限られる条件を求めればよい．また (4.14) 式を参考に，行列式の性質より，区間 $I$ 内の1点で行列式が零にならなければ，区間 $I$ のすべての $x$ で零にはならないことも示される．従って，$x = x_0$ において初期条件が与えられたとき，

$$W[y_1(x_0), y_2(x_0), \ldots, y_n(x_0)] \neq 0$$

ならば，$y_1(x), y_2(x), \ldots, y_n(x)$ は1次独立である．逆に，定義されている区間のある $x = x_0$ で行列式が零になれば，

$$W[y_1(x), y_2(x), \ldots, y_n(x)] \equiv 0$$

である．

以上から，同次方程式 (5.3) 式の $n$ 個の 1 次独立な解を基本解といい，$n$ 個の任意定数 $C_1, C_2, \ldots, C_n$ を用いた基本解の 1 次結合で表される解を同次方程式の一般解という．

一方，非同次方程式の一般解については，同次方程式の一般解[2] を

$$Y(x) = C_1 y_1(x) + C_2 y_2(x) + \cdots + C_n y_n(x)$$

とし，非同次方程式の 1 つの特殊解を $y_0(x)$ とすると，

$$\begin{aligned} P(D)(Y(x) + y_0(x)) &= P(D)Y(x) + P(D)y_0(x) \\ &= 0 + q(x) \\ &= q(x) \end{aligned}$$

より，定数係数 2 階非同次線形微分方程式の場合と同様に，一般解は，

　（非同次線形微分方程式の一般解）

　＝（同次線形微分方程式の一般解）＋（非同次線形微分方程式の特殊解）

と表される．

---

[2] 余関数という．

## 5.2 定数係数高階線形微分方程式の解法
### ―特性方程式の解の形から基本解を求めるパターン

━━ 定数係数 $n$ 階同次線形微分方程式の解法 ━━

　本節では，高階線形微分方程式の一般解を特性方程式をたてて求める解法について学ぶ．同次方程式については，基本的には 2 階の場合と同様に，指数関数解を仮定して $n$ 次方程式である特性方程式をたてて，得られた解の分類をして基本解を求めるというものである．また非同次方程式の一般解を求める解法についても，基本的には 2 階の場合に紹介した方法と同様の記号解法や未定係数法が利用される．記号解法については，前章で基本となる公式については紹介しているが，高階の場合も微分演算子 $P(D)$ の逆演算子を部分分数に分解して公式を利用すればよい．また未定係数法についても基本的に前章と同様に関数を仮定し未定係数を求めればよい．

　まず，同次方程式の基本解を求める方法を紹介する．$a_1, a_2, \ldots, a_n$ を実定数とする**定数係数 $n$ 階同次線形微分方程式**

$$y^{(n)} + a_1 y^{(n-1)} + \cdots + a_{n-1} y' + a_n y = 0 \tag{5.6}$$

の基本解を求める．第 4 章で導入した微分演算子を用いると，(5.6) 式は

$$P(D)y = (D^n + a_1 D^{n-1} + \cdots + a_{n-1}D + a_n)y = 0 \tag{5.7}$$

と表される．ここで，$y = e^{\lambda x}$ と仮定すると，これを微分して上式に代入した式，

$$(\lambda^n + a_1 \lambda^{n-1} + \cdots + a_{n-1}\lambda + a_n)e^{\lambda x} = 0$$

において，$e^{\lambda x} \neq 0$ より，以下の $n$ 次方程式

**ステップ 1：キーポイント**　　定数係数 $n$ 階同次線形微分方程式の特性方程式

$$P(\lambda) = \lambda^n + a_1 \lambda^{n-1} + \cdots + a_{n-1}\lambda + a_n = 0 \tag{5.8}$$

が得られる．これを同次方程式 (5.6) 式の**特性方程式**という．代数学の基本定

理により，特性方程式の解は重複も含めて $n$ 個得られるが，実定数係数であることから，虚数解 $\alpha + i\beta$ $(\beta \neq 0)$ が解である場合には，共役な複素数である $\alpha - i\beta$ も解になる．従って，$n$ 個の解の内訳は次の2つの場合に分けられる．

(i) 相異なる実数解 $\lambda_i$ $(i = 1, 2, \ldots, I)$ の場合．ただし，それぞれの解の多重度を $k_i$ とする．

(ii) $\alpha_j$ と $\beta_j \neq 0$ を実数とする相異なる虚数解 $\alpha_j \pm i\beta_j$ $(j = 1, 2, \ldots, J)$ の場合．ただし，それぞれの解の多重度を $m_j$ とする．

ここで，解の全個数は多重度も含めて $n$ 個であるから，

$$\sum_{i=1}^{I} k_i + 2\sum_{j=1}^{J} m_j = n$$

である．またこれらの解を用いた特性方程式は，

$$P(\lambda) = \left\{\prod_{i=1}^{I}(\lambda - \lambda_i)^{k_i}\right\}\left[\prod_{j=1}^{J}\{(\lambda - \alpha_j)^2 + \beta_j^2\}^{m_j}\right] = 0$$

と因数分解される．ここで，この式から微分演算子に書きかえると，

$$P(D) = \left\{\prod_{i=1}^{I}(D - \lambda_i)^{k_i}\right\}\left[\prod_{j=1}^{J}\{(D - \alpha_j)^2 + \beta_j^2\}^{m_j}\right] \tag{5.9}$$

となる．一方，$P(D) = P_1(D)P_2(D)$ と因数分解されたとき，

$$P(D)y = \{P_1(D)P_2(D)\}y$$
$$= P_1(D)\{P_2(D)y\} = P_2(D)\{P_1(D)y\} = 0$$

より，$P_1(D)y = 0$ と $P_2(D)y = 0$ の解は (5.7) 式の解である．従って，

$$(D - \lambda_i)^{k_i}y = 0 \quad (i = 1, 2, \ldots, I), \tag{5.10}$$

$$\{(D - \alpha_j)^2 + \beta_j^2\}^{m_j}y = 0 \quad (j = 1, 2, \ldots, J) \tag{5.11}$$

のそれぞれの場合について基本解を構成すればよい．

(i) 特性方程式の解が実数解 $\lambda$（多重度 $k$）の場合の基本解

$(D - \lambda)^k y = 0$ に対して，$e^{\lambda x}$ は1つの解であるので，その定数倍 $ce^{\lambda x}$ も解である．定数変化法を用いて1次独立な解を求める．$y = e^{\lambda x}z(x)$ とおく．

(4.27) 式において, $P(D) = (D - \lambda)^k$, $y$ を $z(x)$ とすると,

$$(D - \lambda)^k(e^{\lambda x}z(x)) = e^{\lambda x}(D^k z(x)) = 0$$

であるので, $z(x)$ は,

$$D^k z(x) = 0$$

を満たす. この式から,

$$z(x) = \frac{1}{D^k}0 = \sum_{i=1}^{k} c_i x^{i-1} \quad (c_i \text{ は任意定数}) \tag{5.12}$$

が得られるが, $k$ 個の関数 $x^l e^{\lambda x}$ $(0 \leq l \leq k - 1)$ が 1 次独立であることは明らかなので,

---

**ステップ 2：公式** **特性方程式の解 $\lambda$ が多重度 $k$ の実数解であるときの基本解**

$$x^l e^{\lambda x} \quad (0 \leq l \leq k - 1) \tag{5.13}$$

は線形同次方程式の基本解

---

である.

(ii) 特性方程式の解が虚数解 $\alpha \pm i\beta$ ($\alpha$ および $\beta$ $(\neq 0)$ は実数, 多重度 $m$) の場合の基本解

$\{(D - \alpha)^2 + \beta^2\}^m y = 0$ に対して, $e^{(\alpha \pm i\beta)x}$ は 1 組の解であるので, 符号に注意しながら定数変化法を用いる. (4.27) 式において, $P(D) = \{(D - \alpha)^2 + \beta^2\}^m$, $\lambda$ を $\alpha \pm i\beta$, $y$ を $z(x)$ とすると,

$$\{(D - \alpha)^2 + \beta^2\}^m\big(e^{(\alpha \pm i\beta)x}z(x)\big)$$
$$= e^{(\alpha \pm i\beta)x}\{(D + \alpha \pm i\beta - \alpha)^2 + \beta^2\}^m z(x)$$
$$= e^{(\alpha \pm i\beta)x}(D \pm 2i\beta)^m(D^m z(x)) = 0 \quad (\text{複号同順})$$

より, $z(x)$ は分類 (i) の場合の (5.12) 式と同様にして与えられる. 従って, $2m$ 個の関数 $x^l e^{(\alpha \pm i\beta)x}$ $(0 \leq l \leq m - 1)$ が 1 次独立であることは明らかなので,

| ステップ2：公式 | 特性方程式の解 $\alpha \pm i\beta$ が多重度 $m$ の虚数解であるときの基本解 |
| --- | --- |

$$x^l e^{(\alpha \pm i\beta)x} \quad (0 \le l \le m-1) \tag{5.14}$$

は線形同次方程式の基本解

である．一方，第 4 章では，基本解の 1 次結合を，実関数の指数関数と三角関数で表現して基本解を与えた．ここでも，

$$\frac{x^l}{2}\left(e^{(\alpha+i\beta)x} + e^{(\alpha-i\beta)x}\right) = x^l e^{\alpha x} \cos \beta x,$$

$$\frac{x^l}{2i}\left(e^{(\alpha+i\beta)x} - e^{(\alpha-i\beta)x}\right) = x^l e^{\alpha x} \sin \beta x$$

として，改めて

| ステップ2：公式 | 特性方程式の解 $\alpha \pm i\beta$ が多重度 $m$ の虚数解であるときの基本解 |
| --- | --- |

$$x^l e^{\alpha x} \cos \beta x, \quad x^l e^{\alpha x} \sin \beta x \quad (0 \le l \le m-1) \tag{5.15}$$

は線形同次方程式の基本解

である．

---例題 5.1---

同次線形微分方程式 $y''' - 3y' - 2y = 0$ を解け．

**解答** 特性方程式は

$$\lambda^3 - 3\lambda - 2 = (\lambda + 1)^2 (\lambda - 2) = 0$$

となるので，解は $-1$（多重度 2）と 2 である．従って，基本解は $e^{-x}$, $xe^{-x}$ および $e^{2x}$ であるので，一般解は

$$y = e^{-x}(C_1 + C_2 x) + C_3 e^{2x} \quad (C_1, C_2, C_3 \text{ は任意定数})$$

である． □

---
**—例題 5.2—**

同次線形微分方程式 $y^{(4)} - 16y = 0$ を解け.

---

$\boxed{\text{解答}}$ 特性方程式は

$$\lambda^4 - 16 = (\lambda^2 + 4)(\lambda^2 - 4)$$
$$= (\lambda + 2i)(\lambda - 2i)(\lambda + 2)(\lambda - 2) = 0$$

となるので, 解は $\pm 2i$ と $\pm 2$ である. 従って, 基本解は $\cos 2x$, $\sin 2x$, $e^{2x}$ および $e^{-2x}$ であるので, 一般解は

$$y = C_1 \cos 2x + C_2 \sin 2x + C_3 e^{2x} + C_4 e^{-2x}$$

$$(C_1, C_2, C_3, C_4 \text{ は任意定数})$$

である. $\qquad\square$

✅ **チェック問題 5.1** 同次線形微分方程式 $y^{(4)} - 7y''' + 24y'' - 18y' = 0$ を解け.

✅ **チェック問題 5.2** 同次線形微分方程式 $y^{(4)} + 2y'' + y = 0$ を解け.

次に, 非同次方程式の一般解を求める解法について説明する. 基本的には2階の場合に紹介した方法と同様の記号解法や未定係数法を用いればよいが, 式が複雑になるので, 以下概要を紹介するにとどめる.

### (I) 記号解法

まず記号解法についてであるが, 高階の場合も微分演算子 $P(D)$ の逆演算子を部分分数に分解して, それぞれの逆演算子に前章で説明した公式を利用すればよい. 同次方程式と同様に, 微分演算子を導入して, $a_1, a_2, \ldots, a_n$ を実定数とする**定数係数 $n$ 階非同次線形微分方程式**

$$P(D)y - \left(D^{(n)} + a_1 D^{(n-1)} + \cdots + a_{n-1}D + a_n\right)y = q(x)$$

$$(5.16)$$

の微分演算子は, 同次方程式の解法の中で (5.9) 式のように因数分解されるので, 逆演算子について部分分数分解すれば,

$$\frac{1}{P(D)}q(x) = \sum_{i=1}^{I}\left\{\sum_{p=1}^{k_i}\frac{A_{ip}}{(D-\lambda_i)^p}q(x)\right\}$$

$$+ \sum_{j=1}^{J}\left[\sum_{q=1}^{m_j}\frac{1}{\{(D-\alpha_j)^2+\beta_j^2\}^{m_j}}\{(B_{jq}D+C_{jq})q(x)\}\right]$$

$$\tag{5.17}$$

が得られる. 個別の逆演算子を作用させて得られる関数については, すでに前章で説明してあるので, それを参考に求めていけばよい.

---

**━━例題 5.3━━**

非同次線形微分方程式 $y^{(4)} - y'' - 2y' + 2y = 25e^x$ を解け.

---

**解答**　特性方程式は

$$\lambda^4 - \lambda^2 - 2\lambda + 2 = (\lambda-1)^2(\lambda^2+2\lambda+2)$$
$$= (\lambda-1)^2\{\lambda-(-1+i)\}\{\lambda-(-1-i)\} = 0$$

となるので, 解は 1 （多重度 2）, $-1\pm i$ である. 従って, 基本解は $e^x$, $xe^x$, $e^{-x}\cos x$, $e^{-x}\sin x$ であるので, 余関数は

$$y = e^x(C_1+C_2x) + e^{-x}(C_3\cos x + C_4\sin x)$$
$$(C_1,\ C_2,\ C_3,\ C_4\ \text{は任意定数})$$

である.

$$P(D) = D^4 - D^2 - 2D + 2$$

とすると, 非同次項 $ke^{\alpha x}$ において $k=25$, $\alpha=1$ の場合であるので, 1 は特性方程式の多重度 2 の解である $(P(1) = 1^4 - 1^2 - 2\times 1 + 2 = 0)$. 特殊解 $y_0$ は (4.37) 式, (4.38) 式を利用する.

まず有理関数 $\dfrac{1}{P(s)}$ の部分分数への分解を考える.

$$P(s) = \frac{1}{(s-1)^2(s^2+2s+2)}$$
$$= \frac{A_{11}}{s-1} + \frac{A_{12}}{(s-1)^2} + \frac{B_{11}s+C_{11}}{s^2+2s+2}$$

について，右辺を通分して分子の係数を比較して得られる連立 1 次方程式は

$$\begin{cases} A_{11} + B_{11} = 0 \\ A_{11} + A_{12} - 2B_{11} + C_{11} = 0 \\ 2A_{12} + B_{11} - 2C_{11} = 0 \\ -2A_{11} + 2A_{12} + C_{11} = 1 \end{cases}$$

である．これを解くと $A_{11} = -\dfrac{4}{25}$, $A_{12} = \dfrac{1}{5}$, $B_{11} = \dfrac{4}{25}$, $C_{11} = \dfrac{7}{25}$ となる．よって

$$\begin{aligned} y_0 &= \frac{1}{P(D)}(25e^x) \\ &= 25 \times \left\{ -\frac{4}{25} \times \frac{1}{D-1}e^x + \frac{1}{5} \times \frac{1}{(D-1)^2}e^x \right. \\ &\qquad \left. + \frac{1}{25} \times \frac{1}{D^2 + 2D + 2}(4D+7)e^x \right\} \\ &= -4xe^x + \frac{5}{2}x^2 e^x + \frac{11}{5}e^x \end{aligned}$$

である．従って一般解は

$$y = e^x(C_5 + C_6 x) + e^{-x}(C_3 \cos x + C_4 \sin x) + \frac{5}{2}x^2 e^x$$

$$(C_3, C_4, C_5, C_6 \text{ は任意定数})$$

である．ただし，$C_5 = C_1 + \dfrac{11}{5}$, $C_6 = C_2 - 4$ とした． □

✅ **チェック問題 5.3** 同次線形微分方程式 $y''' - 2y'' + 4y' - 8y = 16\sin 2x$ を解け.

## (II) 未定係数法

記号解法の逆演算子を部分分数分解して個別に解いていく過程を考えれば，2 階微分方程式の場合と同様に，非同次項の関数形と，多重度も含めた同次方程式の解との関係をもとに関数形を仮定して未定係数を求めればよい．ここでは，前章の分類に従っていくつかの具体例で確認するにとどめる.

---
**——例題 5.4——**

非同次線形微分方程式 $y''' + 2y'' - 5y' - 6y = 30e^{2x}$ を解け。

---

**解答**　特性方程式は

$$\lambda^3 + 2\lambda^2 - 5\lambda - 6 = (\lambda + 1)(\lambda - 2)(\lambda + 3) = 0$$

となるので，解は $-1, 2, -3$ である．従って，基本解は $e^{-x}, e^{2x}, e^{-3x}$ であるので，余関数は

$$y = C_1 e^{-x} + C_2 e^{2x} + C_3 e^{-3x} \quad (C_1, C_2, C_3 \text{ は任意定数})$$

である．$P(D) = D^3 + 2D^2 - 5D - 6$ とすると，非同次項 $q(x) = ke^{\alpha x}$ において $k = 20$, $\alpha = 2$ の場合であるから，2 は特性方程式の多重度 1 の解である $(P(2) = 2^3 + 2 \times 2^2 - 5 \times 2 - 6 = 0)$．よって，前章の未定係数法の分類 (I-ii) の場合に従って特殊解を $y_0 = Axe^{2x}$ とおくと，

$$y_0' = Ae^{2x} + 2Axe^{2x},$$
$$y_0'' = 4Ae^{2x} + 4Axe^{2x},$$
$$y_0''' = 12Ae^{2x} + 8Axe^{2x}$$

より，$y_0, y_0', y_0'', y_0'''$ を与式に代入して非同次項と比較すると，

$$12Ae^{2x} + 8Axe^{2x} + 2(4Ae^{2x} + 4Axe^{2x})$$
$$- 5(Ae^{2x} + 2Axe^{2x}) - 6Axe^{2x}$$
$$= 15Ae^{2x} = 30e^{2x}$$

より，$15A = 30$ を解くと $A = 2$ であるので，特殊解は

$$y_0 = 2xe^{2x}$$

である．従って一般解は

$$y = C_1 e^{-x} + C_2 e^{2x} + C_3 e^{-3x} + 2xe^{2x} \quad (C_1, C_2, C_3 \text{ は任意定数})$$

である．　　　　　　　　　　　　　　　　　　　　　　　　　□

✓ **チェック問題 5.4**　同次線形微分方程式 $y^{(4)} + y''' + 4y'' + 4y' = 6\cos x$ を解け。

# 5.3 変数係数線形微分方程式の解法
**―係数が独立変数の関数で与えられる場合の解を求めるアプローチ**

---
## 変数係数 2 階線形微分方程式の解法
---

　本節では，変数係数の場合の線形微分方程式の一般解を求める方法を紹介する．変数係数の場合には定数係数の場合とは異なり一般的な公式はない．しかし，1 つの特殊解が見つかった場合や独立変数の変数変換で求められる場合がある．さらにべき級数を用いた解法があり，物理や工学の分野への応用上において重要である．これらは基本的には $n$ 階の線形微分方程式で議論されるものであるが，本質は 2 階の場合での考察で十分であり，また物理や工学の分野で現れる方程式も 2 階の場合が多いので，2 階線形微分方程式についてのみ紹介する．

---

$p_1(x), p_2(x)$ および $q(x)$ を実関数とする**変数係数 2 階非同次線形微分方程式**

$$y'' + p_1(x)y' + p_2(x)y = q(x) \tag{5.18}$$

および，その同次方程式

$$y'' + p_1(x)y' + p_2(x)y = 0 \tag{5.19}$$

を考える．

　同次方程式の基本解を求める公式は一般的にはないが，いくつかの解ける場合の例を以下に紹介する．

(I)　1 階の微分方程式に帰着できる場合

　何らかの方法で (5.19) 式の 1 つの特殊解が見つかった場合には，微分方程式の階数を下げることができる．特に 2 階線形方程式の場合には 1 階の方程式が得られるので，求積法等で一般解を求められる場合がある．この方法を**階数低下法**という．

　同次方程式 (5.19) 式の 1 つの特殊解を $y_1(x)$ とする．$y_1(x) = 0$ とならない区間で，4.1 節の特性方程式の解が重解である場合を参考に定数変化法を用いて，

| ステップ1：キーポイント | 1つの解 $y_1$ が既知の場合に階数を下げる定数変化法 |
|---|---|

$$y(x) = z(x)y_1(x)$$

とすると，

$$y' = z'y_1 + zy_1',$$
$$y'' = z''y_1 + 2z'y_1' + zy_1''$$

であるので，$y, y', y''$ を (5.19) 式に代入すれば，

$$z''y_1 + 2z'y_1' + zy_1'' + p_1(x)(z'y_1 + zy_1') + p_2(x)zy_1$$
$$= z''y_1 + 2z'y_1' + p_1(x)z'y_1 + \{y_1'' + p_1(x)y_1' + p_2(x)y_1\}z$$
$$= z''y_1 + \{2y_1' + p_1(x)y_1\}z' = 0$$

より，$u(x) = z'(x)$ とおけば，1階の微分方程式

$$u' = \left\{ -\frac{2y_1' + p_1(x)y_1}{y_1} \right\}u$$

が得られるので，これは変数分離形である．従って，

$$u = C_1 \exp\left[ -\int \left\{ \frac{2y_1' + p_1(x)y_1}{y_1} \right\} dx \right]$$
$$= C_1 \frac{\exp\left[ -\int \{p_1(x)\} dx \right]}{y_1^2} \quad (C_1 \text{ は任意定数})$$

から，

$$z = C_1 \int \left\{ \frac{\exp\left[ -\int \{p_1(x)\} dx \right]}{y_1^2} \right\} dx + C_2 \quad (C_1, C_2 \text{ は任意定数})$$

となる．$y = zy_1$ に代入すれば，

---

**ステップ 2：公式**　**変数係数 2 階同次線形微分方程式の一般解（1 つの解が既知の場合）**

$$y = C_1 y_1 \int \left\{ \frac{\exp\left[ -\int \{p_1(x)\}\, dx \right]}{y_1^2} \right\} dx + C_2 y_1$$

（$C_1$, $C_2$ は任意定数）　　(5.20)

---

で与えられる.

次に, 非同次方程式 (5.18) 式の特殊解の求め方であるが, 上記の同次方程式の基本解を求める過程で, $y$, $y'$, $y''$ を (5.18) 式に代入することによって, $u = z'$ が満たすべき方程式は,

---

**ステップ 3：キーポイント**　**階数低下法による変数係数 2 階非同次線形微分方程式の解法（1 つの解が既知の場合）**

$$u' + \frac{2y_1' + p_1(x)y_1}{y_1} u = \frac{q(x)}{y_1}$$

(5.21)

---

となる. これは 1 階非同次線形微分方程式であるので, 第 3 章の積分因子を用いる方法か定数変化法で求められる. これらの方法によって $u$ を求め, その後で積分をして $z$ を求める. 求めた $z$ から $y = zy_1$ で最終的に同次方程式のもう 1 つの基本解と同時に非同次方程式の一般解が求まる.

なお, (5.20) 式で同次方程式の基本解が求まっているので, 定数係数の場合と同様にして (4.23) 式の定数変化法を利用することでも非同次方程式の一般解が求められる[3].

---**例題 5.5**---

非同次線形微分方程式 $y'' - \dfrac{4x}{x^2+1} y' + \dfrac{4}{x^2+1} y = 6$ について, $y_1 = x$ が同次方程式の 1 つの解であることを用いて, 一般解を求めよ.

---

[3] 第 4 章の (4.16) 式 ～(4.23) 式の内容において, 係数が変数（関数）であるか定数であるかの違いはない.

**解答**   $y_1 = x$ について，$y_1' = 1$, $y_1'' = 0$ を与式に代入すると，

$$0 - \frac{4x}{x^2+1} + \frac{4}{x^2+1}x = 0$$

より同次方程式の特殊解である．$y = zx$ とおくと，

$$y' = z'x + z, \quad y'' = z''x + 2z'$$

である．$y, y', y''$ を非同次方程式に代入すると，

$$z''x + 2z' - \frac{4x}{x^2+1}(z'x + z) + \frac{4}{x^2+1}(zx) = z''x - \frac{2x^2-2}{x^2+1}z' = 6$$

より，$u = z'$ とおくと，

$$u' - \left\{ \frac{2x^2-2}{x(x^2+1)} \right\}u = \frac{6}{x}$$

となるので，1 階非同次線形微分方程式である．積分因子を $\mu$ とすれば，

$$\mu' = -\left\{ \frac{2x^2-2}{x(x^2+1)} \right\}\mu = \left( \frac{2}{x} - \frac{4x}{x^2+1} \right)\mu$$

となるので，変数分離形である．これから $\mu$ は，

$$\mu = c\frac{x^2}{(1+x^2)^2} \quad (c \text{ は任意定数})$$

である．$c = 1$ とすると，

$$u = \frac{(1+x^2)^2}{x^2} \int \left\{ \frac{6x}{(x^2+1)^2} \right\} dx + C_1 \frac{(1+x^2)^2}{x^2}$$

$$= -\frac{3(1+x^2)}{x^2} + C_1 \frac{(x^2+1)^2}{x^2} \quad (C_1 \text{ は任意定数})$$

である．よって，この式の両辺を積分して，

$$z = \frac{3}{x} - 3x + C_1\left( \frac{x^3}{3} + 2x - \frac{1}{x} \right) + C_2 \quad (C_2 \text{ は任意定数})$$

が得られる．従って一般解は

$$y = 3 - 3x^2 + C_1\left( \frac{x^4}{3} + 2x^2 - 1 \right) + C_2x \quad (C_1, C_2 \text{ は任意定数})$$

である．   □

● **チェック問題 5.5** 非同次線形微分方程式

$$y'' - \left(2 + \frac{1}{x}\right)y' + \left(1 + \frac{1}{x}\right)y = x$$

について，$y_1 = e^x$ が同次方程式の 1 つの解であることを用いて，一般解を求めよ．

**(II) 独立変数についての変数変換を利用できる場合**

ここでは，独立変数についての変数変換を利用して解ける場合について，2 つの方法を取り上げる．1 つは変数変換を用いて標準形とよばれる形に変形することによって解く場合，もう 1 つはオイラーの微分方程式とよばれる方程式についてである．

**(i) 標準形に変形して解く場合**

(5.18) 式において，1 階の項の係数が $p_1(x) \equiv 0$ である方程式

$$y'' + \tilde{p}(x)y = \tilde{q}(x) \tag{5.22}$$

を**標準形**という．変数変換を行って標準形に変形した場合に，1 階の項が消えるので，特殊解を視察（目の子）で見つけやすくなるなど，方程式を解きやすくなる場合がある．変数変換には，従属変数を変数変換する場合と独立変数を変数変換する場合とがあるが，ここでは独立変数についての変数変換によって解く場合についてのみ説明する．

独立変数 $x$ に対して，

| ステップ 1：キーポイント | 独立変数の変数変換 |
|---|---|

$$t = \varphi(x), \quad x = \psi(t) \ (= \varphi^{-1}(t))$$

と変数変換する．このとき，

$$\frac{dy}{dx} = \frac{dy}{dt}\frac{dt}{dx} = \frac{dy}{dt}\varphi'(x),$$

$$\frac{d^2y}{dx^2} = \frac{d}{dx}\left(\frac{dy}{dt}\varphi'(x)\right) = \frac{d^2y}{dt^2}\{\varphi'(x)\}^2 + \frac{dy}{dt}\varphi''(x)$$

を (5.18) 式に代入して変形すれば，

$$\frac{d^2y}{dt^2} + \left\{\frac{\varphi''}{(\varphi')^2} + \frac{p_1(x)}{\varphi'}\right\}\frac{dy}{dt} + \left\{\frac{p_2(x)}{(\varphi')^2}\right\}y = \frac{q(x)}{(\varphi')^2}$$

となるので，1階の項の係数が零になるとき，すなわち，

$$\frac{\varphi''}{(\varphi')^2} + \frac{p_1(x)}{\varphi'} = 0$$

から，積分すると $\varphi(x)$ が求まり，積分定数を零として，

**ステップ 2：公式**　**標準形方程式**

$$\frac{d^2 y}{dt^2} + \tilde{p}(t)y = \tilde{q}(t),$$

$$\varphi(x) = \int \exp\left[-\int p_1(x)\,dx\right]dx,$$

$$\tilde{p}(t) = \frac{p_2(\psi(t))}{\{\varphi'(\psi(t))\}^2},$$

$$\tilde{q}(t) = \frac{q(\psi(t))}{\{\varphi'(\psi(t))\}^2} \tag{5.23}$$

の標準形が得られる．

─**例題 5.6**─

微分方程式 $x^6 y'' + 2x^5 y' - 4x^2 y = 8$ を解け．

**解答**　与式を変形すると，$y'' + \dfrac{2}{x}y' - \dfrac{4}{x^4}y = \dfrac{8}{x^6}$ となるが，標準形となるよ
うに $t = \varphi(x)$ と変数変換する．(5.23) 式により，

$$\varphi(x) = \int \exp\left[-\int \left(\frac{2}{x}\right)dx\right]dx = -\frac{1}{x}$$

のとき，標準形

$$\frac{d^2 y}{dt^2} - 4y = 8t^2$$

が得られる．この方程式の同次方程式の特性方程式の解は

$$P(\lambda) = \lambda^2 - 4 = (\lambda + 2)(\lambda - 2) = 0$$

より，$\pm 2$ であるので，基本解は $e^{-2t}$, $e^{2t}$ である．非同次項 $\tilde{q}(t)$ は 2 次の多
項式の場合であり，$P(D) = D^2 - 4$ とおくと，

$$P(0) = 0^2 - 4 = -4 \neq 0$$

である．よって，第 4 章の未定係数法の分類 (IV) の場合に従って特殊解を

$$y_0 = \sum_{j=0}^{2} A_j t^j = A_2 t^2 + A_1 t + A_0 \text{ とおくと，}$$

$$\frac{dy_0}{dt} = 2A_2 t + A_1, \quad \frac{d^2 y_0}{dt^2} = 2A_2$$

より，$y_0, \dfrac{d^2 y_0}{dt^2}$ を標準形の式に代入して非同次項と比較すると，

$$2A_2 - 4(A_2 t^2 + A_1 t + A_0) = 8t^2$$

から，連立 1 次方程式

$$\begin{cases} -4A_2 = 8 \\ -4A_1 = 0 \\ -4A_0 + 2A_2 = 0 \end{cases}$$

を解くと $A_0 = -1$, $A_1 = 0$, $A_2 = -2$ であるので，特殊解は $y_0 = -2t^2 - 1$ である．従って一般解は

$$y = C_1 e^{-2t} + C_2 e^{2t} - 2t^2 - 1 \quad (C_1, C_2 \text{ は任意定数})$$

であるので，$t = -\dfrac{1}{x}$ として，

$$y = C_1 e^{\frac{2}{x}} + C_2 e^{-\frac{2}{x}} - \frac{2}{x^2} - 1 \quad (C_1, C_2 \text{ は任意定数})$$

となる． □

✅ **チェック問題 5.6** 微分方程式 $x^3 y'' + 3x^2 y' + \dfrac{1}{x^3} y = \dfrac{1}{x^3}$ を解け．

(ii) オイラーの微分方程式

微分方程式が定義される区間が $x > 0$ にある場合を考え，$a, b$ を実定数とする以下の形の微分方程式

$$x^2 y'' + axy' + by = q(x) \tag{5.24}$$

を**オイラーの微分方程式**という[4]．(5.24) 式の独立変数 $x$ について，

---

[4] $x < 0$ の区間においても定義でき，絶対値を考えることで同様に解を求めることができる．

| ステップ 1：キーポイント | オイラーの微分方程式の変数変換 |
|---|---|

$$t = \log x, \quad x = e^t$$

と変数変換する．このとき，$\dfrac{dt}{dx} = \dfrac{1}{x}$ であるので，

$$x\frac{dy}{dx} = x\frac{dy}{dt}\frac{dt}{dx} = \frac{dy}{dt},$$

$$x^2\frac{d^2y}{dx^2} = x^2\frac{d}{dx}\left(\frac{1}{x}\frac{dy}{dt}\right) = x\frac{d^2y}{dt^2}\frac{dt}{dx} - \frac{dy}{dt} = \frac{d^2y}{dt^2} - \frac{dy}{dt}$$

を (5.24) 式に代入すれば，

| ステップ 2：公式 | 変数変換したオイラー方程式 |
|---|---|

$$\frac{d^2y}{dt^2} + (a-1)\frac{dy}{dt} + by = q(e^t) \tag{5.25}$$

となるので，定数係数 2 階非同次線形微分方程式に帰着する．これを解いた後で，$t = \log x$ に戻せばよい．

(5.25) 式の同次方程式の基本解から，(5.24) 式の同次方程式の基本解についてまとめておこう．

特性方程式は $\lambda^2 + (a-1)\lambda + b = 0$ の解で分類する．

(ii-a)　異なる 2 実数解 $\lambda_1$, $\lambda_2$ の場合

　　(5.25) 式の同次方程式の基本解は，$e^{\lambda_1 t}$, $e^{\lambda_2 t}$ であるので，$t = \log x$ より (5.24) 式の同次方程式の基本解は，$x^{\lambda_1}$, $x^{\lambda_2}$ となる．

(ii-b)　重解 $\lambda_1 = \lambda_2 = \lambda$ の場合

　　(5.25) 式の同次方程式の基本解は，$e^{\lambda t}$, $te^{\lambda t}$ であるので，(5.24) 式の同次方程式の基本解は，$x^{\lambda}$, $x^{\lambda}\log x$ となる．

(ii-c)　2 つの虚数解 $\alpha \pm i\beta$ $(\beta \neq 0)$ の場合

　　(5.25) 式の同次方程式の基本解は，$e^{\alpha t}\cos\beta t$, $e^{\alpha t}\sin\beta t$ であるので，(5.24) 式の同次方程式の基本解は，$x^{\alpha}\cos(\beta\log x)$, $x^{\alpha}\sin(\beta\log x)$ となる．

(**注意**) 上記の分類から, (5.24) 式の同次方程式の特殊解を求める上で, $y = x^\lambda$ と仮定して求めることができる. すなわち, 少し高度になるが, $\lambda$ が複素数の場合でも, $(x^\lambda)' = \lambda x^{\lambda-1}$ が成立するので, $(x^\lambda)'' = \lambda(\lambda-1)x^{\lambda-2}$ であり, (5.24) 式の同次方程式に代入すれば,

$$\lambda(\lambda-1) + a\lambda + b = \lambda^2 + (a-1)\lambda + b = 0$$

から, 同じ特性方程式が得られる. 上記の分類で (ii-a) の場合は基本解は明らかであるが, (ii-b) の場合には, 階数低下法を用いて求めればよい. また, (ii-c) の場合には,

$$x^{\alpha+i\beta} = x^\alpha x^{i\beta} = x^\alpha e^{i\beta \log x}$$
$$= x^\alpha \{\cos(\beta \log x) + i\sin(\beta \log x)\}$$

を用いればよい.

---**例題 5.7**---

オイラーの微分方程式 $x^2 y'' - 4xy' - 14y = 5x^2$ を解け.

---

**解答** $x = e^t$, $t = \log x$ と変数変換すると,

$$xy' = \frac{dy}{dt}, \quad x^2 y'' = \frac{d^2 y}{dt^2} - \frac{dy}{dt}$$

を与式に代入すると, 定数係数の非同次線形微分方程式

$$\frac{d^2 y}{dt^2} - 5\frac{dy}{dt} - 14y = 5e^{2t}$$

が得られる. この方程式の同次方程式の特性方程式の解は

$$P(\lambda) = \lambda^2 - 5\lambda - 14 = (\lambda+2)(\lambda-7) = 0$$

より $-2$ と $7$ であるので, 基本解は $e^{-2t}$, $e^{7t}$ である. 非同次項 $ke^{\alpha t}$ において $k = 5$, $\alpha = 2$ の場合であり, $P(D) = D^2 - 5D - 14$ とおくと,

$$P(2) = 2^2 - 5 \times 2 - 14 = -20 \neq 0$$

である. よって, 特殊解 $y_0$ は

$$y_0 = \frac{1}{P(D)}(5e^{2t}) = \frac{1}{P(2)}(5e^{2t}) = -\frac{e^{2t}}{4}$$

である. 従って一般解は

$$y = C_1 e^{-2t} + C_2 e^{7t} - \frac{e^{2t}}{4} \quad (C_1, C_2 \text{ は任意定数})$$

であるので, $t = \log x$ として,

$$y = C_1 \frac{1}{x^2} + C_2 x^7 - \frac{x^2}{4} \quad (C_1,\ C_2\ \text{は任意定数})$$

となる. □

✅ **チェック問題 5.7**　オイラーの微分方程式 $x^2 y'' + 7xy' + 9y = \dfrac{2}{x^3}$ を解け.

**(III)　級数解法**

　ここでは, 物理や工学の分野への応用において重要である変数係数の 2 階同次線形微分方程式の**級数解法**を紹介する. この方法では解の形を**べき級数**（**整級数**）[5] を用いて表す（形式解という）ので, これまで扱ってきた解法とは性格が異なるが, 初等的な積分計算によって解が具体的な既知の関数で表せない場合に有効である.

　級数解法の具体的な手順を説明する前に, 解法の中で用いる用語の定義を以下に説明する. 点 $x = x_0$ の近傍において, $C^\infty$-級の関数 $f(x)$ が $x = x_0$ におけるべき級数

$$\sum_{n=0}^{\infty} a_n (x - x_0)^n$$

$$= a_0 + a_1(x - x_0) + a_2(x - x_0)^2 + \cdots + a_n(x - x_0)^n + \cdots \quad (5.26)$$

に展開できるとき, $f(x)$ は $x = x_0$ において**解析的である**という[6]. 解析的であるとき, 関数 $f(x)$ は $x = x_0$ の近傍において, 何回でも項別微分可能であり, 項別積分も可能である.

　変数係数の 2 階同次線形微分方程式 (5.19) 式に対して, $p_1(x)$, $p_2(x)$ が $x = x_0$ で解析的であるとき点 $x = x_0$ は微分方程式 (5.19) 式の**正則点**もしくは**通常点**という[7]. また, $p_1(x)$ と $p_2(x)$ のどちらか, あるいは両方が $x = x_0$ で解析的ではないとき点 $x = x_0$ は微分方程式 (5.19) 式の**特異点**という. さら

---

5) 本書では, べき級数に統一する.

6) ある正の数 $R$ が存在して, $|x - x_0| < R$ であるすべての $x$ についてべき級数が収束し, かつ $|x - x_0| > R$ であるすべての $x$ については発散するとき, $R$ を**収束半径**といい, 区間 $(x_0 - R, x_0 + R)$ を**収束域**という.

7) 本書では, 正則点に統一する.

に，点 $x = x_0$ が特異点であっても，$(x - x_0)p_1(x)$，$(x - x_0)^2 p_2(x)$ が $x = x_0$ で解析的ならば，点 $x = x_0$ は微分方程式 (5.19) 式の**確定特異点**という．

**例 5.1** $y'' - \dfrac{4x}{1-x^2}y' + \dfrac{4}{1-x^2}y = 0$ において，$x = 0$ は正則点である．

$\square$

**例 5.2** $a$，$b$ を定数とするオイラーの微分方程式を変形した方程式 $y'' + \dfrac{a}{x}y' + \dfrac{b}{x^2}y = 0$ において，$x = 0$ は確定特異点である． $\square$

それでは級数解法の手順について説明しよう．応用上重要な微分方程式においては，$x = 0$ が正則点や確定特異点となること，またべき級数を計算する上での計算を簡単にする目的から，ここでは $x = 0$ における (5.19) 式の同次方程式級数解法を取り扱う．以下，$x = 0$ が正則点の場合と確定特異点の場合に分けて説明する．

(i) $x = 0$ が正則点の場合

証明は省略するが，$x = 0$ が正則点であるとき，同次方程式 (5.19) 式の任意の解も $x = 0$ において解析的である．解を形式的に

**ステップ 1：キーポイント** ▍**正則点 $x = 0$ における級数解法**

$$y(x) = \sum_{n=0}^{\infty} a_n x^n = a_0 + a_1 x + a_2 x^2 + \cdots + a_n x^n + \cdots \qquad (5.27)$$

とおく．項別微分

$$y'(x) = \sum_{n=1}^{\infty} n a_n x^{n-1} = \sum_{n=0}^{\infty} (n+1)a_{n+1}x^n$$

$$= a_1 + 2a_2 x + 3a_3 x^2 + \cdots + n a_n x^{n-1} + \cdots, \qquad (5.28)$$

$$y''(x) = \sum_{n=2}^{\infty} n(n-1)a_n x^{n-2} = \sum_{n=0}^{\infty} (n+2)(n+1)a_{n+2}x^n$$

$$= 2a_2 + 6a_3 x + 12a_4 x^2 + \cdots + n(n-1)a_n x^{n-2} + \cdots$$

$$(5.29)$$

を (5.27) 式とともに (5.19) 式に代入し，$x$ についての恒等式として，$x^n$ の係数が $0$ となる漸化式をたてて $a_n$ を求めればよい[8].

----
**─例題 5.8─**

$y'' - \dfrac{4}{2x^2 - 1}y = 0$ の $x = 0$ のまわりのべき級数解を求めよ.

----

**解答**　$x = 0$ において，$p_1(x) = 0$ と $p_2(x) = -\dfrac{4}{2x^2 - 1} = 4\displaystyle\sum_{n=0}^{\infty}(2x^2)^n$ は解析的であるので，$x = 0$ は正則点である. 与式を変形し，$(2x^2 - 1)y'' - 4y = 0$ とし，解を $y = \displaystyle\sum_{n=0}^{\infty}a_n x^n$ とおく.

$$y'' = \sum_{n=0}^{\infty}(n+2)(n+1)a_{n+2}x^n$$

を与式に代入すると，

$$(2x^2 - 1)\sum_{n=0}^{\infty}(n+2)(n+1)a_{n+2}x^n - 4\sum_{n=0}^{\infty}a_n x^n$$

$$= \sum_{n=0}^{\infty}\{2n(n-1)a_n - (n+2)(n+1)a_{n+2} - 4a_n\}x^n$$

$$= -\sum_{n=0}^{\infty}[(n+1)\{(n+2)a_{n+2} - 2(n-2)a_n\}]x^n = 0$$

より，$n + 1 \neq 0$ $(n \geq 0)$ であるので，漸化式

$$(n+2)a_{n+2} - 2(n-2)a_n = 0 \quad (n = 0, 1, 2, \ldots)$$

が得られる. この漸化式は，2 項ごとの番号で与えられているので，偶数番目 $(n = 2m)$ と奇数番目 $(n = 2m+1)$ $(m = 1, 2, \ldots)$ に分けて得られることになる. それぞれ，

----

[8]　そのまま代入して漸化式が得られる場合はよいが，そうでなければ，$p_1(x)$, $p_2(x)$ をべき級数に展開しておけばよい.

$n = 2m$: $a_2 = -2a_0$, $a_4 = a_6 = \cdots = 0$

$n = 2m + 1$:

$$a_3 = -\frac{2}{3}a_1,$$

$$a_5 = \frac{2}{5}a_3 = -\frac{2^2}{5 \cdot 3}a_1,$$

$$a_7 = \frac{2 \cdot 3}{7}a_5 = -\frac{2^3}{7 \cdot 5}a_1, \ldots,$$

$$a_{2m+1} = \frac{2(2m-3)}{2m+1}a_{2m-1} = \cdots = -\frac{2^m}{(2m+1)(2m-1)}a_1$$

となるが，$a_0 = 1$, $a_1 = 0$ の場合の解を $y_1 = 1 - 2x^2$，$a_0 = 0$, $a_1 = 1$ の場合の解を

$$y_2 = x - \sum_{m=1}^{\infty} \frac{2^m}{4m^2 - 1}x^{2m+1}$$

とおくと，$y_1$ は偶数次の項のみの級数解であり，$y_2$ は奇数次の項のみの級数解であるので，これらは 1 次独立であり，基本解であることがわかる．従って，一般解はこの基本解から

$$y = C_1 y_1 + C_2 y_2 \quad (C_1, C_2 \text{ は任意定数})$$

となる． $\qquad\qquad\qquad\qquad\qquad\qquad\qquad\qquad\qquad\qquad\qquad\square$

✅ **チェック問題 5.8** $y'' - xy' - 2y = 0$ の $x = 0$ のまわりのべき級数解を求めよ．

**(ii)** $x = 0$ が確定特異点の場合

計算をしやすくするため，

$$x^2 y'' + x b_1(x) y' + b_2(x) y = 0 \tag{5.30}$$

という方程式を考える．ここで，$x = 0$ が確定特異点であるとき，$b_1(x)$ と $b_2(x)$ は $x = 0$ で解析的であるので，$b_1(x)$ と $b_2(x)$ はマクローリン展開

$$b_1(x) = \sum_{m=0}^{\infty} P_{1,m} x^m = P_{1,0} + P_{1,1} x + P_{1,2} x^2 + \cdots + P_{1,m} x^m + \cdots,$$

$$\tag{5.31}$$

$$b_2(x) = \sum_{m=0}^{\infty} P_{2,m} x^m = P_{2,0} + P_{2,1} x + P_{2,2} x^2 + \cdots + P_{2,m} x^m + \cdots$$

$$(5.32)$$

ができる．確定特異点のまわりでは微分方程式：(5.19) 式の係数が解析的では
ないので，解が解析的でなくなることがある．そこで (5.30) 式の解として，指
数 $\rho$ を導入して，

| ステップ 1：キーポイント | 確定特異点 $x = 0$ における級数解法 |
|---|---|

$$y(x) = x^{\rho} \sum_{n=0}^{\infty} a_n x^n$$

$$= x^{\rho} (a_0 + a_1 x + a_2 x^2 + \cdots + a_n x^n + \cdots) \quad (a_0 \neq 0) \quad (5.33)$$

とおく．この指数は，$b_1(x)$ と $b_2(x)$ のマクローリン展開を (5.30) 式に代入し
た方程式に対して，級数解を求める手続きの中で任意の $x$ について成立するよ
うに決定される．項別微分

$$y'(x) = \sum_{n=0}^{\infty} (\rho + n) a_n x^{\rho+n-1} = a_0 \rho x^{\rho-1} + a_1 (\rho + 1) x^{\rho} + \cdots, \quad (5.34)$$

$$y''(x) = \sum_{n=0}^{\infty} (\rho + n)(\rho + n - 1) a_n x^{\rho+n-2}$$

$$= a_0 \rho (\rho - 1) x^{\rho-2} + a_1 (\rho + 1) \rho x^{\rho-1} + \cdots \quad (5.35)$$

を (5.33) 式，(5.31) 式および (5.32) 式とともに (5.30) 式に代入して変形す
れば，

$$x^2 y'' + x b_1(x) y' + b_2(x) y$$

$$= x^2 \left\{ \sum_{n=0}^{\infty} (\rho + n)(\rho + n - 1) a_n x^{\rho+n-2} \right\}$$

$$+ x \left( \sum_{m=0}^{\infty} P_{1,m} x^m \right) \left\{ \sum_{n=0}^{\infty} (\rho + n) a_n x^{\rho+n-1} \right\}$$

$$+ \left( \sum_{m=0}^{\infty} P_{2,m} x^m \right) \left( \sum_{n=0}^{\infty} a_n x^{\rho+n} \right)$$

$$= \sum_{n=0}^{\infty} \left[ (\rho + n)(\rho + n - 1)a_n \right.$$

$$\left. + \sum_{j=0}^{n} \{(\rho + j)P_{1,n-j} + P_{2,n-j}\}a_j \right] x^{\rho+n}$$

$$= a_0\{\rho(\rho - 1) + P_{1,0}\rho + P_{2,0}\}x^\rho$$

$$+ [a_1\{(\rho + 1)\rho + P_{1,0}(\rho + 1) + P_{2,0}\} + a_0(P_{1,1}\rho + P_{2,1})]x^{\rho+1}$$

$$+ \cdots$$

$$= 0$$

が得られる. $x$ についての恒等式として, $x^{\rho+n}$ の係数が $0$ となる条件の漸化式をたてて解けばよい. ここで $x^\rho$ ($n = 0$ の場合) の係数が零になる条件は, $a_0 \neq 0$ であるので,

---

**ステップ2：キーポイント** **確定特異点 $x = 0$ における級数解法の決定方程式**

$$\rho(\rho - 1) + P_{1,0}\rho + P_{2,0} = 0 \tag{5.36}$$

---

であるが, これが指数 $\rho$ を決める式であり, これを**決定方程式**という. 以下, $x^{\rho+n}$ ($n \geq 1$) の漸化式を解くことになるが, 一般化は複雑なので, 決定方程式（2次方程式）の解が $\rho_1, \rho_2$ の場合について, それらの関係によって解の形を分類するにとどめる. ただし, $\mathrm{Re}(\rho_1) - \mathrm{Re}(\rho_2) \geq 0$ とする.（証明は省略する.）

---

**ステップ3：キーポイント** **確定特異点 $x = 0$ における級数解法の解の分類**

(ii-a) $\rho_1 - \rho_2$ が整数でない場合

微分方程式 (5.30) 式は 1 次独立の 2 つの解

$$y_1(x) = x^{\rho_1} \sum_{n=0}^{\infty} A_n x^n,$$

$$y_2(x) = x^{\rho_2} \sum_{n=0}^{\infty} B_n x^n$$

をもつ. ただし, $A_0 \neq 0, B_0 \neq 0$ である.

(ii-b) $\rho_1 - \rho_2 = 0$ の場合

微分方程式 (5.30) 式は 1 次独立の 2 つの解

$$y_1(x) = x^{\rho_1} \sum_{n=0}^{\infty} A_n x^n,$$

$$y_2(x) = y_1(x) \log x + x^{\rho_1} \sum_{n=1}^{\infty} B_n x^n \qquad (5.37)$$

をもつ. ただし, $A_0 \neq 0$ である.

(ii-c) $\rho_1 - \rho_2$ が正の整数の場合

微分方程式 (5.30) 式は 1 次独立の 2 つの解

$$y_1(x) = x^{\rho_1} \sum_{n=0}^{\infty} A_n x^n,$$

$$y_2(x) = k y_1(x) \log x + x^{\rho_2} \sum_{n=0}^{\infty} B_n x^n \quad (k \text{ は定数})$$

をもつ. ただし, $A_0 \neq 0$, $B_0 \neq 0$ である.

(ii-b), (ii-c) についての具体的な求め方は, $y_1(x)$ が求まれば, それをもとに, $y_2(x)$ の形を直接与式に代入して $B_n$, $k$ 等を求めてもよいし, 階数低下法等を用いてもよい.

---**例題 5.9**---

$2xy'' + y' - y = 0$ の $x = 0$ のまわりのべき級数解を求めよ.

**解答** 与式を変形して,

$$x^2 y'' + \frac{x}{2} y' - \frac{x}{2} y = 0$$

とすると, $b_1(x) = \dfrac{1}{2}$, $b_2(x) = -\dfrac{x}{2}$ の場合であるので, これらは $x = 0$ において解析的であり, $x = 0$ は確定特異点である. 解を $y = x^{\rho} \sum_{n=0}^{\infty} a_n x^n$ とおくと,

より，与式に代入すると，

$$y'(x) = \sum_{n=0}^{\infty} (\rho + n)a_n x^{\rho+n-1}, \quad y''(x) = \sum_{n=0}^{\infty} (\rho + n)(\rho + n - 1)a_n x^{\rho+n-2}$$

より，与式に代入すると，

$$2x \sum_{n=0}^{\infty} (\rho + n)(\rho + n - 1)a_n x^{\rho+n-2}$$

$$+ \sum_{n=0}^{\infty} (\rho + n)a_n x^{\rho+n-1} - \sum_{n=0}^{\infty} a_n x^{\rho+n}$$

$$= \{2\rho(\rho - 1) + \rho\}a_0 x^{\rho-1}$$

$$+ \sum_{n=0}^{\infty} \{(\rho + n + 1)(2\rho + 2n + 1)a_{n+1} - a_n\}x^{\rho+n} = 0$$

が得られる．$a_0 \neq 0$ より，決定方程式 $2\rho(\rho - 1) + \rho = 0$ の解は $0$ と $\dfrac{1}{2}$ である．漸化式

$$(\rho + n + 1)(2\rho + 2n + 1)a_{n+1} - a_n = 0$$

をそれぞれの $\rho$ について解く．

$\rho = 0$ のときの漸化式は，$a_{n+1} = \dfrac{1}{(n + 1)(2n + 1)}a_n$ であるから，

$$a_n = \frac{1}{n!\,(2n - 1)!!}a_0 \quad (n \geq 1)$$

となる[9]．よって解は，$a_0 = 1$ として，

$$y_1(x) = x^0 \left\{ 1 + \sum_{n=1}^{\infty} \frac{1}{n!\,(2n - 1)!!}x^n \right\} = 1 + \sum_{n=1}^{\infty} \frac{1}{n!\,(2n - 1)!!}x^n$$

となる．

---

[9] $(2m)!! = (2m)(2m - 2)\cdots 4 \cdot 2 = 2^m m!,$

$(2m + 1)!! = (2m + 1)(2m - 1)\cdots 3 \cdot 1 = \dfrac{(2m + 1)!}{2^m m!}$ である．

$\rho = \dfrac{1}{2}$ のときの漸化式は，$a_{n+1} = \dfrac{1}{(n+1)(2n+3)} a_n$ であるから，

$$a_n = \frac{1}{n! \,(2n+1)!!} a_0$$

となるので，解は $a_0 = 1$ として，

$$y_2(x) = x^{\frac{1}{2}} \sum_{n=0}^{\infty} \frac{1}{n! \,(2n+1)!!} x^n = \sqrt{x} \sum_{n=0}^{\infty} \frac{1}{n! \,(2n+1)!!} x^n$$

となる.

$y_1$ と $y_2$ は 1 次独立であり，基本解であることがわかる. 従って，一般解はこの基本解から

$$y = C_1 y_1 + C_2 y_2 \quad (C_1,\, C_2 \text{ は任意定数})$$

となる.　　　　　　　　　　　　　　　　　　　　　　　　　　　　　□

✅ **チェック問題 5.9**　$2x^2 y'' - (x^2 - 3x)y' - (2x+1)y = 0$ の $x = 0$ のまわりのべき級数解を求めよ.

# 5 章の演習問題

（解答は, https://www.saiensu.co.jp の本書のサポートページを参照）

**□1** 次の同次線形微分方程式を解け.

(1) $y''' - 9y' = 0$ 　　(2) $y''' + 6y'' + 48y' + 80y = 0$

(3) $y^{(4)} - 4y''' - 4y'' + 32y' - 32y = 0$ 　　(4) $y^{(4)} + 6y'' + 25y = 0$

**□2** 次の非同次線形微分方程式について, (1) は記号解法で, (2) は未定係数法で解け.

(1) $y''' + y'' + 5y' + 5y = 18e^{2x}$ 　　(2) $y^{(4)} + 2y''' + y'' = 4x^2 - 2x + 2$

**□3** 次の変数係数の線形微分方程式について, 与えられた 1 つの同次方程式の解をもとに, 階数低下法を用いて解け.

(1) $y'' - \dfrac{x+2}{x}y' + \dfrac{x+2}{x^2}y = 0$ $(y_1 = x)$

(2) $y'' - \left(1 + \dfrac{3}{x}\right)y' + \dfrac{3}{x}y = 0$ $(y_1 = e^x)$

(3) $y'' + \left(1 - \dfrac{1}{x}\right)y' - \left(2 - \dfrac{1}{x}\right)y = 6x$ $(y_1 = e^x)$

(4) $y'' + \dfrac{4}{x}y' + \dfrac{2 - x^2}{x^2}y = 1$ $\left(y_1 = \dfrac{e^x}{x^2}\right)$

**□4** 次の微分方程式を (1), (2) は標準形にする変数変換を利用することによって, (3)〜(6) はオイラーの微分方程式に対する変数変換を用いて解け.

(1) $(x^2 + 1)^2 y'' + 2x(x^2 + 1)y' - y = 0$

(2) $(2x + 1)^2 y'' + 2(2x + 1)y' - 12y = 4x + 1$

(3) $x^2 y'' - 2xy' - 40y = 0$ 　　　　(4) $x^2 y'' + 5xy' + 13y = 0$

(5) $x^2 y'' - xy' + y = 2\cos(\log x)$ 　　(6) $x^2 y'' + xy' + y = (\log x)^2$

**□5** 次の微分方程式の $x = 0$ のまわりのべき級数解を求めよ.

(1) $y'' - xy' - y = 0$ 　　(2) $y'' - xy = 0$（エアリーの方程式）

(3) $(1 - x^2)y'' - 2xy' + k(k + 1)y = 0$ $(k = 1, 2, \ldots)$

（ルジャンドルの方程式）

(4) $2xy'' + (3 - x)y' - y = 0$

(5) $x^2 y'' + (x^2 - 3x)y' + (4 - 2x)y = 0$

(6) $xy'' + (x + 2)y' + y = 0$

# 第6章

# 1階連立微分方程式

連立微分方程式は，第2章の自由落下のモデルで説明した通り，質点の位置という従属変数の導関数が速度となることから，位置と速度を未知関数とする連立微分方程式で解析することにより，ある時刻の物理量の関係や全体的な系の挙動が捉えやすくなるという利点がある．これが，相平面や相空間とよばれる概念に発展していくわけである．一方自然現象や工学，社会科学等の分野において現れる現象はほとんどが非線形である．従って，もし解析的に解が求められない場合においても，時間が十分経過した後の挙動が定性的にわかれば，それは非常に重要な情報である．その解析において必要になるのが，極限集合とその安定性という概念である．この章では，まず一般的な2元1階連立線形微分方程式の基礎理論について説明する．これらをもとに，非線形の2元1階連立微分方程式の解の定性的な挙動についての解析法を紹介する．この解の定性的理論は，複雑系の解析においても重要な役割を果たすものである．

## ［6章の内容］

2元1階連立線形微分方程式と2階線形微分方程式

2元同次1階連立線形微分方程式の
　　ベクトル・行列表現による解法

2元非同次1階連立線形微分方程式の解法

連立微分方程式の平衡点とその安定性

極座標変換による解析

# 6.1　2 元 1 階連立線形微分方程式と 2 階線形微分方程式
## —消去法で 2 階線形微分方程式に変形して解くパターン

━━━ 連立線形微分方程式と高階線形方程式の関係 ━━━

　$n$ 階線形微分方程式を，従属変数の $n-1$ 階までの導関数を新たな従属変数として加えて（$y_1 = y,\ y_2 = y',\ldots,\ y_n = y^{(n-1)}$ とおく），1 階連立線形微分方程式 (2.12) 式を導出する方法は，2.2 節で説明した．ここでは，逆に 1 階連立線形微分方程式を 2 階線形微分方程式に変形し，すでに学んだ方法で解を求める方法を学ぶ．

　まず 2 つの従属変数 $y_1(x)$ と $y_2(x)$ に関する定数係数の 1 階同次連立線形微分方程式

$$\begin{cases} \dfrac{dy_1}{dx} = py_1 + qy_2 \\[2mm] \dfrac{dy_2}{dx} = ry_1 + sy_2 \end{cases} \tag{6.1}$$

を考える．ここで，$p, q, r$ および $s$ は実定数とし，$q$ と $r$ は同時に零にはならないとする[1]．簡単のため，$q \neq 0$ としておく．

| ステップ 1：キーポイント | 消去法を利用して 1 つの従属変数の線形方程式へ変形 |
|---|---|

　一方の式の両辺を微分し，もう一方の式に代入して変数を 1 つ消去する．

　(6.1) 式の第 1 式の両辺を微分すれば，$y_1'' = py_1' + qy_2'$ となるが，この式に，第 2 式を代入し，さらに第 1 式から $y_2 = \dfrac{y_1' - py_1}{q}$ として代入すれば，

$$y_1'' - (p+s)y_1' + (ps - qr)y_1 = 0$$

---

[1] 同時に零となる場合には，2 つの式は個々の変数に関する独立した微分方程式となる．

という定数係数の同次線形方程式が得られ，特性方程式

$$\lambda^2 - (p+s)\lambda + (ps - qr) = 0$$

から一般解が求められる[2]．得られた $y_1$ の一般解を第1式に代入すれば，$y_2$ の一般解が求まることになる．このようにして一方の従属変数を消去して解を求める方法を**消去法**といい，変数係数の場合においても利用でき，同様に同次線形方程式が得られる．

---
**例題 6.1**

$$\begin{cases} \dfrac{dy_1}{dx} = y_1 + y_2 \\[2mm] \dfrac{dy_2}{dx} = 4y_1 - 2y_2 \end{cases} \text{を解け．}$$

---

**解答**　第1式の両辺を微分した式 $y_1'' = y_1' + y_2'$ に第2式と $y_2 = y_1' - y_1$ を代入すれば，$y_1'' + y_1' - 6y_1 = 0$ が得られる．特性方程式は

$$\lambda^2 + \lambda - 6 = (\lambda + 3)(\lambda - 2) = 0$$

より解は $-3$ と $2$ であるから，基本解は $e^{-3x}$ と $e^{2x}$ である．従って，一般解は

$$y_1 = C_1 e^{-3x} + C_2 e^{2x} \quad (C_1, C_2 \text{ は任意定数})$$

となる．これを第1式に代入すれば，

$$y_2 = y_1' - y_1 = (-3C_1 e^{-3x} + 2C_2 e^{2x}) - (C_1 e^{-3x} + C_2 e^{2x})$$
$$= -4C_1 e^{-3x} + C_2 e^{2x} \quad (C_1, C_2 \text{ は任意定数})$$

が得られる． □

　以上のことから，1階連立線形微分方程式の一般解は，$y_1(x)$, $y_2(x)$ ともに同じ2つの任意定数を用いた1次結合で与えられることがわかる．これをもとに，次節では，連立線形微分方程式のベクトル・行列表現による解法について説明する．

---

[2] 以下の手順において，消去する従属変数を $y_1$ としたときは，$r \neq 0$ とすればよい．

## 6.2 2元同次1階連立線形微分方程式の ベクトル・行列表現による解法
### —固有値問題（ジョルダンの標準形）をもとにして解くパターン

---

**ベクトル・行列表現を利用した解法**

　ここでは，高階線形微分方程式に変形することなく，定数係数1階連立線形微分方程式の同次方程式を解く方法を学ぶ．連立微分方程式を行列を用いて表現し，その固有値を求めることにより一般解を求める．基本となる考え方は，行列の対角化，およびジョルダンの標準形である．従属変数の変数変換を行い，ジョルダンの標準形を行列とする微分方程式から基本解を求め，再度変数変換してもとに戻すことにより解を得るという手順である．この方法は，6.4節の解の定性的理論への応用においても重要である．

---

　本節では，まず前節で取り上げた定数係数2元同次1階連立線形微分方程式 (6.1) 式のベクトル・行列表現を定義する．なお，以下の説明の中で，単位行列 $E = \begin{pmatrix} 1 & 0 \\ 0 & 1 \end{pmatrix}$ とする．2つの従属変数 $y_1(x)$, $y_2(x)$ を成分とする2次元ベクトル $\boldsymbol{y} = \begin{pmatrix} y_1(x) \\ y_2(x) \end{pmatrix}$ に対して，$y_1(x)$, $y_2(x)$ の導関数 $\dfrac{dy_1}{dx}$, $\dfrac{dy_2}{dx}$ を成分とする2次元ベクトルを

$$\frac{d\boldsymbol{y}}{dx} = \begin{pmatrix} \frac{dy_1}{dx} \\ \frac{dy_2}{dx} \end{pmatrix} \tag{6.2}$$

と定義すると，(6.1) 式は，$A = \begin{pmatrix} p & q \\ r & s \end{pmatrix}$ とすれば，

$$\frac{d\boldsymbol{y}}{dx} = A\boldsymbol{y} \tag{6.3}$$

とベクトル・行列表現できる．以下に，この方程式の解 $\boldsymbol{y}$ の求め方について説明する．

第1章において, 2次正方行列 $A$ のジョルダンの標準形 (3種類) $(\lambda_1 \neq \lambda_2)$

$$J_1 = \begin{pmatrix} \lambda_1 & 0 \\ 0 & \lambda_2 \end{pmatrix}, \quad J_2 = \begin{pmatrix} \lambda_1 & 0 \\ 0 & \lambda_1 \end{pmatrix}, \quad J_3 = \begin{pmatrix} \lambda_1 & 1 \\ 0 & \lambda_1 \end{pmatrix}$$

について説明した. ジョルダンの標準形 $J_k$ $(k = 1, 2, 3)$ は, 正則行列 $P$ を求めて, $P^{-1}AP = J_k$ で与えられる. ここでは, 解ベクトル $\boldsymbol{y}$ に対して, 正則な定数行列 $P$ を用いて,

> **ステップ1:キーポイント** 　**ジョルダンの標準形の微分方程式に変形**
>
> $$\boldsymbol{z} = P^{-1}\boldsymbol{y} \tag{6.4}$$

として, $\boldsymbol{z} = \begin{pmatrix} z_1(x) \\ z_2(x) \end{pmatrix}$ に関する微分方程式を導く. $\boldsymbol{y} = P\boldsymbol{z}$ から,

$$\frac{d\boldsymbol{z}}{dx} = P^{-1}\frac{d\boldsymbol{y}}{dx} = P^{-1}A\boldsymbol{y}$$
$$= P^{-1}AP\boldsymbol{z} = J_k\boldsymbol{z}$$

であるので, まず, $\dfrac{d\boldsymbol{z}}{dx} = J_k\boldsymbol{z}$ の解 $\boldsymbol{z}$ を求め, $\boldsymbol{y}$ に戻すことにより, (6.3) 式の解を求める.

(I) $\dfrac{d\boldsymbol{z}}{dx} = J_1\boldsymbol{z}$ に変形される場合の解

$$\begin{pmatrix} z_1' \\ z_2' \end{pmatrix} = \begin{pmatrix} \lambda_1 & 0 \\ 0 & \lambda_2 \end{pmatrix}\begin{pmatrix} z_1 \\ z_2 \end{pmatrix}$$

より, これらは独立な2つの微分方程式

$$\begin{cases} z_1' = \lambda_1 z_1 \\ z_2' = \lambda_2 z_2 \end{cases}$$

となるので, $\boldsymbol{z} = \begin{pmatrix} C_1 e^{\lambda_1 x} \\ C_2 e^{\lambda_2 x} \end{pmatrix}$ $(C_1, C_2$ は任意定数) で与えられる. 従って,

$$\boldsymbol{y} = P\boldsymbol{z} = (\boldsymbol{p}_1 \;\; \boldsymbol{p}_2)\begin{pmatrix} C_1 e^{\lambda_1 x} \\ C_2 e^{\lambda_2 x} \end{pmatrix} \tag{6.5}$$

より, $P^{-1}AP = J_1$ の場合の解は,

> ステップ2：公式　**$A$ が対角化可能な場合の一般解（$A$ の固有値が異なる場合）**
>
> $y = C_1 e^{\lambda_1 x} p_1 + C_2 e^{\lambda_2 x} p_2$　（$C_1$, $C_2$ は任意定数）
>
> $\lambda_1$, $\lambda_2$ は行列 $A$ の固有値,
>
> $p_1$, $p_2$ は固有ベクトル $\begin{cases} A p_1 = \lambda_1 p_1 \\ A p_2 = \lambda_2 p_2 \end{cases}$　　　　(6.6)

である. 従って, 相異なる固有値に対する固有ベクトルは1次独立であるので, 基本解が $\tilde{y}_1 = e^{\lambda_1 x} p_1$, $\tilde{y}_2 = e^{\lambda_2 x} p_2$ で与えられる.

---

**例題 6.2**

$\begin{pmatrix} y_1' \\ y_2' \end{pmatrix} = \begin{pmatrix} 5 & 3 \\ 3 & 5 \end{pmatrix} \begin{pmatrix} y_1 \\ y_2 \end{pmatrix}$ を解け.

---

**解答**　行列 $A = \begin{pmatrix} 5 & 3 \\ 3 & 5 \end{pmatrix}$ の固有値とそれに対する固有ベクトルを求める. 固有方程式は

$$\begin{vmatrix} 5 - \lambda & 3 \\ 3 & 5 - \lambda \end{vmatrix} = (\lambda - 2)(\lambda - 8) = 0$$

であるので, 固有値は2と8である. それぞれの固有値に対する固有ベクトルを求める.

(i)　固有値 $\lambda = 2$ のとき

固有ベクトルを $p_1 = \begin{pmatrix} p_{11} \\ p_{21} \end{pmatrix}$ とおき, 同次連立1次方程式 $(A - 2E) p_1 = 0$ を掃き出し法で解く.

$$\begin{pmatrix} 3 & 3 \\ 3 & 3 \end{pmatrix} \to \begin{pmatrix} 1 & 1 \\ 3 & 3 \end{pmatrix} \to \begin{pmatrix} 1 & 1 \\ 0 & 0 \end{pmatrix}$$

より, $p_{11} + p_{21} = 0$ が得られるので, 固有ベクトルとして $p_1 = \begin{pmatrix} 1 \\ -1 \end{pmatrix}$ ととれる.

(ii)　固有値 $\lambda = 8$ のとき

固有ベクトルを $\boldsymbol{p}_2 = \begin{pmatrix} p_{12} \\ p_{22} \end{pmatrix}$ とおき, 同次連立1次方程式 $(A - 8E)\boldsymbol{p}_2 = \boldsymbol{0}$ を掃き出し法で解く.

$$\begin{pmatrix} -3 & 3 \\ 3 & -3 \end{pmatrix} \rightarrow \begin{pmatrix} 1 & -1 \\ 3 & -3 \end{pmatrix} \rightarrow \begin{pmatrix} 1 & -1 \\ 0 & 0 \end{pmatrix}$$

より, $p_{12} - p_{22} = 0$ が得られるので, 固有ベクトルとして $\boldsymbol{p}_2 = \begin{pmatrix} 1 \\ 1 \end{pmatrix}$ ととれる.

以上から, 基本解は $\tilde{\boldsymbol{y}}_1 = e^{2x}\begin{pmatrix} 1 \\ -1 \end{pmatrix}$, $\tilde{\boldsymbol{y}}_2 = e^{8x}\begin{pmatrix} 1 \\ 1 \end{pmatrix}$ であり, 一般解は

$$\begin{pmatrix} y_1 \\ y_2 \end{pmatrix} = C_1\tilde{\boldsymbol{y}}_1 + C_2\tilde{\boldsymbol{y}}_2 = \begin{pmatrix} C_1 e^{2x} + C_2 e^{8x} \\ -C_1 e^{2x} + C_2 e^{8x} \end{pmatrix} \quad (C_1, C_2 \text{ は任意定数})$$

である.　　　　　　　　　　　　　　　　　　　　　　　　　　□

✅ **チェック問題 6.1** $\begin{pmatrix} y_1' \\ y_2' \end{pmatrix} = \begin{pmatrix} -5 & 2 \\ 2 & -2 \end{pmatrix} \begin{pmatrix} y_1 \\ y_2 \end{pmatrix}$ を解け.

(II)　$\dfrac{d\boldsymbol{z}}{dx} = J_2 \boldsymbol{z}$ に変形される場合の解

この場合は, $A$ の固有方程式の解が重解となる場合であるが,

$$P^{-1}AP = J_2 = \lambda_1 E$$

であるので, 左から $P$, 右から $P^{-1}$ をかけることにより, $A = J_2$ の場合であることがわかる. (1) の場合と同様に独立な2つの微分方程式が得られるので, (1) の解に準じた公式が得られる. 従って, $C_1, C_2$ を任意定数として, $y_1 = C_1 e^{\lambda_1 x}$, $y_2 = C_2 e^{\lambda_1 x}$ が得られるので, $\boldsymbol{p}_1 = \begin{pmatrix} 1 \\ 0 \end{pmatrix}$, $\boldsymbol{p}_2 = \begin{pmatrix} 0 \\ 1 \end{pmatrix}$ として, $\boldsymbol{y} = C_1 e^{\lambda_1 x}\boldsymbol{p}_1 + C_2 e^{\lambda_1 x}\boldsymbol{p}_2$ とすればよい.

(III)　$\dfrac{d\boldsymbol{z}}{dx} = J_3 \boldsymbol{z}$ に変形される場合の解

$$\begin{pmatrix} z_1' \\ z_2' \end{pmatrix} = \begin{pmatrix} \lambda_1 & 1 \\ 0 & \lambda_1 \end{pmatrix} \begin{pmatrix} z_1 \\ z_2 \end{pmatrix}$$

より，これらは 2 つの微分方程式

$$\begin{cases} z_1' = \lambda_1 z_1 + z_2 \\ z_2' = \lambda_1 z_2 \end{cases}$$

となる．従って，まず第 2 式を解いた上で，それから第 1 式を解けばよい．第 2 式については，$z_2 = C_2 e^{\lambda_1 x}$（$C_2$ は任意定数）で与えられる．これを第 1 式に代入すると，$z_1' = \lambda_1 z_1 + C_2 e^{\lambda_1 x}$ となるので，定数係数の 1 階非同次線形微分方程式である．積分因子を利用して，もしくは定数変化法で解くと，$z_1 = (C_1 + x C_2) e^{\lambda_1 x}$（$C_1$, $C_2$ は任意定数）が求まる．よって，

$$\boldsymbol{y} = P\boldsymbol{z} = \begin{pmatrix} \boldsymbol{p}_1 & \boldsymbol{p}_2 \end{pmatrix} \begin{pmatrix} (C_1 + x C_2) e^{\lambda_1 x} \\ C_2 e^{\lambda_1 x} \end{pmatrix} \tag{6.7}$$

より，まとめると，$P^{-1}AP = J_3$ の場合の解は，

---

**ステップ 2：公式　$A$ が対角化できない場合の一般解**

$$\boldsymbol{y} = C_1 e^{\lambda_1 x} \boldsymbol{p}_1 + C_2 e^{\lambda_1 x} (x\boldsymbol{p}_1 + \boldsymbol{p}_2) \quad (C_1, C_2 \text{ は任意定数})$$

$\lambda_1$ は行列 $A$ の固有値，

$\boldsymbol{p}_1$, $\boldsymbol{p}_2$ は，$\begin{cases} A\boldsymbol{p}_1 = \lambda_1 \boldsymbol{p}_1 \\ A\boldsymbol{p}_2 = \lambda_1 \boldsymbol{p}_2 + \boldsymbol{p}_1 \end{cases}$ から求める． $\tag{6.8}$

---

となる．従って，一般解を構成している 2 つのベクトル $\tilde{\boldsymbol{y}}_1 = e^{\lambda_1 x} \boldsymbol{p}_1$ と $\tilde{\boldsymbol{y}}_2 = e^{\lambda_1 x} (x\boldsymbol{p}_1 + \boldsymbol{p}_2)$ は 1 次独立であるので，基本解である．

---

**例題 6.3**

$\begin{pmatrix} y_1' \\ y_2' \end{pmatrix} = \begin{pmatrix} 1 & -3 \\ 3 & 7 \end{pmatrix} \begin{pmatrix} y_1 \\ y_2 \end{pmatrix}$ を解け．

---

**解答**　行列 $A = \begin{pmatrix} 1 & -3 \\ 3 & 7 \end{pmatrix}$ の固有値を求める．固有方程式は

$$\begin{vmatrix} 1-\lambda & -3 \\ 3 & 7-\lambda \end{vmatrix} = \lambda^2 - 8\lambda + 16 = (\lambda - 4)^2 = 0$$

であるので，固有値は 4（重解）である．固有値 4 に対する固有ベクトルを求める．

固有値 $\lambda = 4$ に対する固有ベクトルを $\boldsymbol{p}_1 = \begin{pmatrix} p_{11} \\ p_{21} \end{pmatrix}$ とおき，同次連立 1 次方程式 $(A - 4E)\boldsymbol{p}_1 = \boldsymbol{0}$ を掃き出し法で解く．

$$\begin{pmatrix} -3 & -3 \\ 3 & 3 \end{pmatrix} \rightarrow \begin{pmatrix} 1 & 1 \\ 3 & 3 \end{pmatrix} \rightarrow \begin{pmatrix} 1 & 1 \\ 0 & 0 \end{pmatrix}$$

より，$p_{11} + p_{21} = 0$ が得られるので，固有ベクトルとして $\boldsymbol{p}_1 = \begin{pmatrix} -3 \\ 3 \end{pmatrix}$ ととれる．

次に $\boldsymbol{p}_2 = \begin{pmatrix} p_{12} \\ p_{22} \end{pmatrix}$ とおき，非同次連立 1 次方程式 $(A - 4E)\boldsymbol{p}_2 = \boldsymbol{p}_1$ を掃き出し法で解く．

$$\left(\begin{array}{cc|c} -3 & -3 & -3 \\ 3 & 3 & 3 \end{array}\right) \rightarrow \left(\begin{array}{cc|c} 1 & 1 & 1 \\ 3 & 3 & 3 \end{array}\right) \rightarrow \left(\begin{array}{cc|c} 1 & 1 & 1 \\ 0 & 0 & 0 \end{array}\right)$$

より，$p_{12} + p_{22} = 1$ が得られるので，$\boldsymbol{p}_2 = \begin{pmatrix} 1 \\ 0 \end{pmatrix}$ ととれる．

以上から，基本解は

$$\tilde{\boldsymbol{y}}_1 = e^{4x} \begin{pmatrix} -3 \\ 3 \end{pmatrix}, \quad \tilde{\boldsymbol{y}}_2 = e^{4x} \left\{ x \begin{pmatrix} -3 \\ 3 \end{pmatrix} + \begin{pmatrix} 1 \\ 0 \end{pmatrix} \right\}$$

であり，一般解は

$$\begin{pmatrix} y_1 \\ y_2 \end{pmatrix} = C_1 \tilde{\boldsymbol{y}}_1 + C_2 \tilde{\boldsymbol{y}}_2 = e^{4x} \begin{pmatrix} -3C_1 + C_2(-3x + 1) \\ 3C_1 + 3C_2 x \end{pmatrix}$$

$$(C_1, C_2 \text{ は任意定数})$$

である．　　　　　　　　　　　　　　　　　　　　　　　　　　　　□

☑ **チェック問題 6.2** $\begin{pmatrix} y_1' \\ y_2' \end{pmatrix} = \begin{pmatrix} -2 & -1 \\ 1 & 0 \end{pmatrix} \begin{pmatrix} y_1 \\ y_2 \end{pmatrix}$ を解け．

(IV)　行列の固有値が虚数となる場合の実数表現

　最後に，行列 $A$ の固有値が虚数となるときに，その基本解を実ベクトル解で表現することを考える．行列 $A$ の固有方程式の係数が実数であるので，虚数解が得られる場合は互いに共役な解 $\alpha \pm i\beta$（$\beta \neq 0$）となる．従って，それぞれの固有値に対する固有ベクトルも虚数を成分とするベクトルとなるが，ここでは解を実数で表現することを考える．第 1 章のジョルダンの標準形の説明の中で，実ジョルダンの標準形について説明した．すなわち，固有値 $\alpha + i\beta$ に対する固有ベクトル $\boldsymbol{p}_1$ を 2 つの実ベクトル $\boldsymbol{r}$ と $\boldsymbol{s}$ で表し，$\boldsymbol{p}_1 = \boldsymbol{r} + i\boldsymbol{s}$ とする．ここで，行列 $P = (\,\boldsymbol{r}\ \ \boldsymbol{s}\,)$ とすると，(1.33) 式と (1.34) 式より

$$A\boldsymbol{r} = \alpha\boldsymbol{r} - \beta\boldsymbol{s}, \quad A\boldsymbol{s} = \beta\boldsymbol{r} + \alpha\boldsymbol{s},$$

$$P^{-1}AP = J_4 = \begin{pmatrix} \alpha & \beta \\ -\beta & \alpha \end{pmatrix}$$

である．これから変数変換した微分方程式は

$$\begin{pmatrix} z_1' \\ z_2' \end{pmatrix} = \begin{pmatrix} \alpha & \beta \\ -\beta & \alpha \end{pmatrix} \begin{pmatrix} z_1 \\ z_2 \end{pmatrix}$$

より，これらは 2 つの微分方程式

$$\begin{cases} z_1' = \alpha z_1 + \beta z_2 \\ z_2' = -\beta z_1 + \alpha z_2 \end{cases}$$

となるので，これを前節の方法で 2 階同次線形微分方程式に変形して解いて，さらにその解を実数関数で表現すると，

$$\boldsymbol{z} = \begin{pmatrix} e^{\alpha x}(C_1 \cos \beta x + C_2 \sin \beta x) \\ e^{\alpha x}(-C_1 \sin \beta x + C_2 \cos \beta x) \end{pmatrix} \quad (C_1,\ C_2 \text{ は任意定数})$$

が得られる．よって，

$$\boldsymbol{y} = P\boldsymbol{z} = (\,\boldsymbol{r}\ \ \boldsymbol{s}\,) \begin{pmatrix} e^{\alpha x}(C_1 \cos \beta x + C_2 \sin \beta x) \\ e^{\alpha x}(-C_1 \sin \beta x + C_2 \cos \beta x) \end{pmatrix} \tag{6.9}$$

より，一般解は

---

**ステップ2：公式** **$A$ の固有値が共役な虚数 $\alpha \pm i\beta$ の場合の一般解**

$$\boldsymbol{y} = C_1\tilde{\boldsymbol{y}}_1 + C_2\tilde{\boldsymbol{y}}_2 \quad (C_1, C_2 \text{ は任意定数})$$

$$\tilde{\boldsymbol{y}}_1 = e^{\alpha x}(\cos\beta x \boldsymbol{r} - \sin\beta x \boldsymbol{s}),$$

$$\tilde{\boldsymbol{y}}_2 = e^{\alpha x}(\cos\beta x \boldsymbol{s} + \sin\beta x \boldsymbol{r})$$

$$\alpha, \beta, \boldsymbol{r}, \boldsymbol{s} \text{ は、} \begin{cases} A\boldsymbol{p}_1 = (\alpha + i\beta)\boldsymbol{p}_1 \\ \boldsymbol{p}_1 = \boldsymbol{r} + i\boldsymbol{s} \end{cases} \text{ から求める.} \quad (6.10)$$

---

で与えられる. なお, ベクトル $\tilde{\boldsymbol{y}}_1$ と $\tilde{\boldsymbol{y}}_2$ は1次独立であり, 従って基本解である.

---

**例題 6.4**

$$\begin{pmatrix} y_1' \\ y_2' \end{pmatrix} = \begin{pmatrix} 1 & 2 \\ -2 & 1 \end{pmatrix} \begin{pmatrix} y_1 \\ y_2 \end{pmatrix} \text{ を解け.}$$

---

**解答** 行列 $A = \begin{pmatrix} 1 & 2 \\ -2 & 1 \end{pmatrix}$ の固有値とそれに対する固有ベクトルを求める.
固有方程式は

$$\begin{vmatrix} 1-\lambda & 2 \\ -2 & 1-\lambda \end{vmatrix} = \{\lambda - (1+2i)\}\{\lambda - (1-2i)\} = 0$$

であるので, 固有値は $1 \pm 2i$ である. $1 + 2i$ の固有値に対する固有ベクトルは, 固有ベクトルを $\boldsymbol{p}_1 = \begin{pmatrix} p_{11} \\ p_{21} \end{pmatrix}$ とおき, 同次連立1次方程式 $\{A - (1 + 2i)E\}\boldsymbol{p}_1 = \boldsymbol{0}$ を掃き出し法で解く.

$$\begin{pmatrix} -2i & 2 \\ -2 & -2i \end{pmatrix} \rightarrow \begin{pmatrix} 1 & i \\ -2 & -2i \end{pmatrix} \rightarrow \begin{pmatrix} 1 & i \\ 0 & 0 \end{pmatrix}$$

より, $p_{11} + ip_{21} = 0$ が得られるので, 固有ベクトルとして

$$\boldsymbol{p}_1 = \begin{pmatrix} 1 \\ i \end{pmatrix} = \begin{pmatrix} 1 \\ 0 \end{pmatrix} + i\begin{pmatrix} 0 \\ 1 \end{pmatrix} = \boldsymbol{r} + i\boldsymbol{s}$$

ととれる.

以上から, 基本解は

$$\tilde{\boldsymbol{y}}_1 = e^x \left\{ \cos 2x \begin{pmatrix} 1 \\ 0 \end{pmatrix} - \sin 2x \begin{pmatrix} 0 \\ 1 \end{pmatrix} \right\}$$

$$= e^x \begin{pmatrix} \cos 2x \\ -\sin 2x \end{pmatrix},$$

$$\tilde{\boldsymbol{y}}_2 = e^x \left\{ \cos 2x \begin{pmatrix} 0 \\ 1 \end{pmatrix} + \sin 2x \begin{pmatrix} 1 \\ 0 \end{pmatrix} \right\}$$

$$= e^x \begin{pmatrix} \sin 2x \\ \cos 2x \end{pmatrix}$$

であり，従って一般解は

$$\begin{pmatrix} y_1 \\ y_2 \end{pmatrix} = C_1 \tilde{\boldsymbol{y}}_1 + C_2 \tilde{\boldsymbol{y}}_2 = e^x \begin{pmatrix} C_1 \cos 2x + C_2 \sin 2x \\ -C_1 \sin 2x + C_2 \cos 2x \end{pmatrix}$$

$$(C_1, C_2 \text{ は任意定数})$$

である。　　　　　　　　　　　　　　　　　　　　　　　　　□

✅ **チェック問題 6.3** $\begin{pmatrix} y_1' \\ y_2' \end{pmatrix} = \begin{pmatrix} -1 & 3 \\ -3 & -1 \end{pmatrix} \begin{pmatrix} y_1 \\ y_2 \end{pmatrix}$ を解け。

　本節では，2 元までの同次方程式の解法について説明してきた。3 元以上の連立微分方程式の場合には，ジョルダンの標準形の種類が増え計算も複雑になるが，基本的な手順は同じである。ジョルダンの標準形を求める手順については，より詳細な線形代数学の教科書を参照して欲しい。またここでは取り上げなかったが，行列の指数関数を利用した解核行列（レゾルベント行列）で表現する方法を用いると，別のアプローチができる。これについては，巻末の付録 B に簡単に説明したので参照されたい。

# 6.3 2元非同次1階連立線形微分方程式の解法
## ―微分演算子を用いた消去法，および定数変化法を利用して解くパターン

### 2元非同次1階連立線形微分方程式の解法

　この節では，定数係数の場合の1階非同次連立線形微分方程式を解く方法を学ぶ．6.1節で紹介した消去法によって2階の非同次線形微分方程式を導出して解く方法と，行列を用いて表現した同次方程式の一般解から定数変化法を利用して求める方法を紹介する．注意するべき点はいくつかあるが，いずれも第4章の内容をもとにして，微分演算子を用いた記号解法や定数変化法を連立微分方程式に拡張したものであるので，考え方としては新しいものではない．

　定数係数の1階同次連立線形微分方程式 (6.1) 式に非同次項 $Q_1(x)$, $Q_2(x)$ が入った非同次方程式

$$\begin{cases} \dfrac{dy_1}{dx} = py_1 + qy_2 + Q_1(x) \\ \dfrac{dy_2}{dx} = ry_1 + sy_2 + Q_2(x) \end{cases} \tag{6.11}$$

に対して，2つの方法で解くことを考える．

(I)　消去法を利用する解法

　まず6.1節で説明した消去法を利用する解法について説明する．導出される2階の非同次方程式の特殊解を求めることが必要になるので，ここでは記号解法を用いることにする．

### ステップ1：キーポイント　消去法を利用して1つの従属変数の非同次方程式へ変形

　一方の式の両辺を微分しもう一方の式に代入して変数を1つ消去する．

微分演算子を導入して変形すると，(6.11) 式は，

$$\begin{cases} (D-p)y_1 - qy_2 = Q_1(x) \\ -ry_1 + (D-s)y_2 = Q_2(x) \end{cases} \tag{6.12}$$

となるが，これの第 1 式に $(D-s)$ を作用させ，第 2 式を $q$ 倍した式を辺々加えると，

$$\{(D-s)(D-p) - rq\}y_1 = (D-s)Q_1(x) + qQ_2(x)$$

が得られるので，これは 2 階の非同次線形微分方程式である．これを記号解法を用いて解けばよい．次に，得られた $y_1$ を (6.12) 式の第 1 式に代入すれば $y_2$ が求まる．

---

**例題 6.5**

$$\begin{cases} (D+2)y_1 + 3y_2 = e^{-2x} \\ 3y_1 + (D+2)y_2 = -e^{2x} \end{cases} \text{を解け．}$$

---

**解答** 第 1 式の両辺に $D+2$ を作用させた式と第 2 式の両辺に $-3$ をかけた式を辺々加えると，

$$\{(D+2)^2 - 9\}y_1 = (D+2)(e^{-2x}) + 3e^{2x}$$

より，

$$y_1'' + 4y_1' - 5y_1 = 3e^{2x}$$

が得られる．同次方程式の特性方程式は

$$\lambda^2 + 4\lambda - 5 = (\lambda - 1)(\lambda + 5) = 0$$

となるので，解は 1 と $-5$ である．従って余関数は

$$C_1 e^x + C_2 e^{-5x} \quad (C_1, C_2 \text{ は任意定数})$$

である．$P(D) = D^2 + 4D - 5$ とすると，非同次項 $ke^{\alpha x}$ において $k = 3$，$\alpha = 2$ の場合であるので，

$$P(2) = (2)^2 + 4 \times 2 - 5 = 7 \neq 0$$

である．よって，特殊解 $y_{10}$ は

$$y_{10} = \frac{1}{P(D)}(3e^{2x}) = 3 \times \frac{1}{P(2)}e^{2x} = \frac{3e^{2x}}{7}$$

である. 従って一般解は

$$y_1 = C_1 e^x + C_2 e^{-5x} + \frac{3e^{2x}}{7} \quad (C_1, C_2 \text{ は任意定数})$$

である. これを与式の第1式に代入して,

$$y_2 = -C_1 e^x + C_2 e^{-5x} - \frac{4e^{2x}}{7} + \frac{e^{-2x}}{3} \quad (C_1, C_2 \text{ は任意定数})$$

である. □

**✅ チェック問題 6.4** $\begin{cases} (D+2)y_1 + y_2 = 2e^x \\ -5y_1 + (D-2)y_2 = 0 \end{cases}$ を解け.

## (II) 定数変化法

定数変化法は, 同次方程式の一般解の定数を変数として非同次方程式に代入し, 成立する条件である微分方程式を解いて, 非同次方程式の解を求める方法である. 積分形で表されるので, 非同次項の関数の形に関係なく適用できる.

まず非同次方程式のベクトル・行列表現を

$$\frac{d\boldsymbol{y}}{dx} = A\boldsymbol{y} + \boldsymbol{Q}(x), \quad \boldsymbol{Q}(x) = \begin{pmatrix} Q_1(x) \\ Q_2(x) \end{pmatrix} \tag{6.13}$$

とする. 同次方程式の一般解 $C_1\tilde{\boldsymbol{y}}_1 + C_2\tilde{\boldsymbol{y}}_2$ に対して, 定数変化法により, $C_1$ を $u_1(x)$, $C_2$ を $u_2(x)$ として,

| ステップ1：キーポイント　定数変化法の利用 |
| --- |
| $$\boldsymbol{y} = u_1(x)\tilde{\boldsymbol{y}}_1 + u_2(x)\tilde{\boldsymbol{y}}_2 \tag{6.14}$$ |

とおく. この式の両辺を $x$ で微分して (6.13) 式に代入すると,

$$u_1(x)\tilde{\boldsymbol{y}}_1' + u_2(x)\tilde{\boldsymbol{y}}_2' + (u_1'(x)\tilde{\boldsymbol{y}}_1 + u_2'(x)\tilde{\boldsymbol{y}}_2)$$
$$= u_1(x)A\tilde{\boldsymbol{y}}_1 + u_2(x)A\boldsymbol{y}_2 + \boldsymbol{Q}(x)$$

より,

$$(\tilde{\boldsymbol{y}}_1 \quad \tilde{\boldsymbol{y}}_2)\begin{pmatrix} u_1'(x) \\ u_2'(x) \end{pmatrix} = \boldsymbol{Q}(x) \tag{6.15}$$

となるので, $\tilde{Y}(x) = (\tilde{\boldsymbol{y}}_1 \quad \tilde{\boldsymbol{y}}_2)$ として, 両辺に左から $\tilde{Y}^{-1}(x)$ をかけると,

$$\begin{pmatrix} u_1'(x) \\ u_2'(x) \end{pmatrix} = \tilde{Y}^{-1}(x)\boldsymbol{Q}(x)$$

となる．両辺を各要素について積分する．改めて任意定数について $\boldsymbol{C} = \begin{pmatrix} C_1 \\ C_2 \end{pmatrix}$

とすれば

$$\begin{pmatrix} u_1(x) \\ u_2(x) \end{pmatrix} = \int \tilde{Y}^{-1}(x)\boldsymbol{Q}(x)\,dx + \boldsymbol{C}$$

が得られる．よって，

$$\boldsymbol{y} = (\,\tilde{\boldsymbol{y}}_1 \quad \tilde{\boldsymbol{y}}_2\,)\begin{pmatrix} u_1(x) \\ u_2(x) \end{pmatrix}$$

より，一般解は

---

**ステップ2：公式**　**定数変化法による一般解**

$$\boldsymbol{y} = (\,\tilde{\boldsymbol{y}}_1 \quad \tilde{\boldsymbol{y}}_2\,)\boldsymbol{C} + (\,\tilde{\boldsymbol{y}}_1 \quad \tilde{\boldsymbol{y}}_2\,)\int \tilde{Y}^{-1}(x)\boldsymbol{Q}(x)\,dx \qquad (6.16)$$

---

となる．この式の右辺第 1 項は同次方程式の一般解であり，第 2 項が非同次方程式の特殊解であることがわかる．

---
**例題 6.6**

$\begin{pmatrix} y_1' \\ y_2' \end{pmatrix} = \begin{pmatrix} 2 & 3 \\ 1 & 4 \end{pmatrix}\begin{pmatrix} y_1 \\ y_2 \end{pmatrix} + \begin{pmatrix} -5 \\ 5 \end{pmatrix}$ を解け．

---

**解答**　行列

$$A = \begin{pmatrix} 2 & 3 \\ 1 & 4 \end{pmatrix}$$

の固有値とそれに対する固有ベクトルを求める．固有方程式は

$$\begin{vmatrix} 2-\lambda & 3 \\ 1 & 4-\lambda \end{vmatrix} = (\lambda - 1)(\lambda - 5) = 0$$

であるので，固有値は 1 と 5 である．それぞれの固有値に対する固有ベクトルを求める．

(i) 固有値 $\lambda = 1$ のとき

固有ベクトルを $\boldsymbol{p}_1 = \begin{pmatrix} p_{11} \\ p_{21} \end{pmatrix}$ とおき, 同次連立1次方程式 $(A - E)\boldsymbol{p}_1 = \boldsymbol{0}$ を掃き出し法で解く.

$$\begin{pmatrix} 1 & 3 \\ 1 & 3 \end{pmatrix} \rightarrow \begin{pmatrix} 1 & 3 \\ 0 & 0 \end{pmatrix}$$

より, $p_{11} + 3p_{21} = 0$ が得られるので, 固有ベクトルとして $\boldsymbol{p}_1 = \begin{pmatrix} 3 \\ -1 \end{pmatrix}$ ととれる.

(ii) 固有値 $\lambda = 5$ のとき

固有ベクトルを $\boldsymbol{p}_2 = \begin{pmatrix} p_{12} \\ p_{22} \end{pmatrix}$ とおき, 同次連立1次方程式 $(A - 5E)\boldsymbol{p}_2 = \boldsymbol{0}$ を掃き出し法で解く.

$$\begin{pmatrix} -3 & 3 \\ 1 & -1 \end{pmatrix} \rightarrow \begin{pmatrix} 1 & -1 \\ 1 & -1 \end{pmatrix} \rightarrow \begin{pmatrix} 1 & -1 \\ 0 & 0 \end{pmatrix}$$

より, $p_{12} - p_{22} = 0$ が得られるので, 固有ベクトルとして $\boldsymbol{p}_2 = \begin{pmatrix} 1 \\ 1 \end{pmatrix}$ ととれる.

以上から, 基本解は

$$\tilde{\boldsymbol{y}}_1 = e^x \begin{pmatrix} 3 \\ -1 \end{pmatrix}, \quad \tilde{\boldsymbol{y}}_2 = e^{5x} \begin{pmatrix} 1 \\ 1 \end{pmatrix}$$

である.

$$\tilde{Y}(x) = (\,\tilde{\boldsymbol{y}}_1 \quad \tilde{\boldsymbol{y}}_2\,) = \left( e^x \begin{pmatrix} 3 \\ -1 \end{pmatrix} \quad e^{5x} \begin{pmatrix} 1 \\ 1 \end{pmatrix} \right)$$
$$= \begin{pmatrix} 3e^x & e^{5x} \\ -e^x & e^{5x} \end{pmatrix}$$

とおき, 非同次項 $\boldsymbol{Q}(x) = \begin{pmatrix} -5 \\ 5 \end{pmatrix}$ とすると

$$\tilde{Y}^{-1}(x)\boldsymbol{Q}(x) = \frac{1}{4e^{6x}}\begin{pmatrix} e^{5x} & -e^{5x} \\ e^x & 3e^x \end{pmatrix}\begin{pmatrix} -5 \\ 5 \end{pmatrix} = \frac{5}{2}\begin{pmatrix} -e^{-x} \\ e^{-5x} \end{pmatrix}$$

であるので,

$$\int \tilde{Y}^{-1}(x)\boldsymbol{Q}(x) = \frac{5}{2}\begin{pmatrix} \int (-e^{-x})\,dx \\ \int (e^{-5x})\,dx \end{pmatrix} = \frac{1}{2}\begin{pmatrix} 5e^{-x} \\ -e^{-5x} \end{pmatrix}$$

である. 従って一般解は

$$\boldsymbol{y} = \begin{pmatrix} 3e^x & e^{5x} \\ -e^x & e^{5x} \end{pmatrix}\begin{pmatrix} C_1 \\ C_2 \end{pmatrix} + \begin{pmatrix} 3e^x & e^{5x} \\ -e^x & e^{5x} \end{pmatrix}\begin{pmatrix} \frac{5e^{-x}}{2} \\ -\frac{e^{-5x}}{2} \end{pmatrix}$$

$$= \begin{pmatrix} 3C_1 e^x + C_2 e^{5x} \\ -C_1 e^x + C_2 e^{5x} \end{pmatrix} + \begin{pmatrix} 7 \\ -3 \end{pmatrix} \quad (C_1,\ C_2 \text{ は任意定数})$$

である. □

✅ **チェック問題 6.5** $\begin{pmatrix} y_1' \\ y_2' \end{pmatrix} = \begin{pmatrix} -2 & -4 \\ 1 & 2 \end{pmatrix}\begin{pmatrix} y_1 \\ y_2 \end{pmatrix} + \begin{pmatrix} \cos x \\ \sin x \end{pmatrix}$ を解け.

# 6.4 連立微分方程式の平衡点とその安定性
## —線形近似して平衡点のまわりの解の挙動を解析する

### ■ 線形近似による安定性解析 ■

　この節では，正規形で表される一般の2元連立非線形微分方程式の解の挙動の解析法について紹介する．非線形方程式の解を解析的に求めることは一般に困難であるので，解の挙動を別の方法で追跡する必要がある．数値的な近似解法は有力な方法の1つであるが，この節では独立変数が十分大きくなった場合（独立変数が物理的に時間を表す変数であれば，十分時間が経過した後の場合）の従属変数の挙動に着目し考察する．また相平面や平衡点，リミットサイクルという概念を紹介しながら，自励系方程式の場合に限って，線形近似を導入した定性的解析を簡単に紹介する．その際に重要になるのが，6.2節で説明した同次形連立線形微分方程式をベクトル・行列表現して解析する方法である．

ベクトル・行列表現した2次元の正規形の連立微分方程式

$$\frac{d\boldsymbol{y}}{dx} = \boldsymbol{F}(y_1(x), y_2(x)),$$

$$\boldsymbol{y} = \begin{pmatrix} y_1(x) \\ y_2(x) \end{pmatrix}, \quad \boldsymbol{F} = \begin{pmatrix} f_1(y_1(x), y_2(x)) \\ f_2(y_1(x), y_2(x)) \end{pmatrix} \tag{6.17}$$

を考える．ここで，$f_1(y_1(x), y_2(x))$, $f_2(y_1(x), y_2(x))$ は $C^1$-級の関数とし，この微分方程式の解の存在と一意性は保証されているものとする[3]．またこの方程式は**自励系の微分方程式**もしくは**自律系の微分方程式**とよばれるものであり，右辺が従属変数 $y_1$ と $y_2$ のみで表されており，独立変数 $x$ を陽に含んでいない場合である[4]．

---

[3] 解の存在と一意性については付録 A を参照のこと．

[4] 物理の例では，外力や起電力などの項が含まれない場合である．また本書では自励系に統一する．

　ここでは $x$ が十分大きくなったときの微分方程式の解の挙動を考察するわけ
であるが，各 $x$ の値における微分方程式 (6.17) 式の解 $y_1(x)$, $y_2(x)$ に対して
平面上の1点 $(y_1(x), y_2(x))$ を対応させ，$x$ が変化するのに従って描かれる曲
線を (6.17) 式の**解軌道**という．また解軌道を考えている平面（$y_1(x)$-$y_2(x)$ 平
面）を**相平面**という[5]．

　次に微分方程式の**平衡点**もしくは**特異点**，**臨界点**を定義する[6]．

---

**ステップ1：キーポイント**　　**自励系連立微分方程式の平衡点**

相平面内の点 $\boldsymbol{K} = \begin{pmatrix} K_1 \\ K_2 \end{pmatrix}$ で，$\boldsymbol{F}(K_1, K_2) = \boldsymbol{0}$ を満足するものを，微分

方程式の**平衡点**という．

---

　$y_1 = K_1$（定数），$y_2 = K_2$（定数）という関数は (6.17) 式を満足するので，
解の1つである．また，解軌道に端があるとすれば，その端点は平衡点である
し，端のない解軌道は，（交わらないので）無限遠に延びているか，閉曲線を描
くかのいずれかである．（閉曲線になる場合については後述する．）以下，平衡
点近傍における解軌道の様子を考察するが，解析を簡単にするために従属変数
の変数変換を行い，相平面の原点に平衡点を平行移動する．

$$\begin{cases} \hat{y}_1 = y_1 - K_1 \\ \hat{y}_2 = y_2 - K_2 \end{cases}$$

と変換すると，

$$\frac{d\hat{\boldsymbol{y}}}{dx} = \hat{\boldsymbol{F}}(\hat{y}_1(x), \hat{y}_2(x))$$

$$\hat{\boldsymbol{y}} = \begin{pmatrix} \hat{y}_1(x) \\ \hat{y}_2(x) \end{pmatrix}, \quad \hat{\boldsymbol{F}} = \begin{pmatrix} \hat{f}_1(\hat{y}_1(x), \hat{y}_2(x)) \\ \hat{f}_2(\hat{y}_1(x), \hat{y}_2(x)) \end{pmatrix} \tag{6.18}$$

となる．

---

[5] $\boldsymbol{y}(x)$ が解ならば，$\boldsymbol{y}(x+c)$（$c$ は定数）も解である．また自励系の方程式を考えている
ので，初期値問題の解の一意性から，相平面上の異なる2つの解軌道は交わらないし，解軌
道が自分自身と交わることはないことが示される．

[6] 本書では平衡点に統一する．

ここでまず平衡点 **0** の**安定性**について説明する. $x = 0$ において, 原点に十分近い点 $\hat{\boldsymbol{y}}(0) = \hat{\boldsymbol{y}}_0 = \begin{pmatrix} \hat{y}_{10} \\ \hat{y}_{20} \end{pmatrix}$ が初期条件として与えられている初期値問題を考える. このとき, 平衡点の安定性は以下のように分類される.

(I) 安定

任意の $\varepsilon > 0$ に対して, $\delta > 0$ が存在して, $\sqrt{\hat{y}_{10}^2 + \hat{y}_{20}^2} < \delta$ ならば, 任意の $x > 0$ で $\sqrt{\hat{y}_1(x)^2 + \hat{y}_2(x)^2} < \varepsilon$ であるとき, 原点 (平衡点) は**安定**であるという.

(II) 漸近安定

原点が安定な平衡点であり, $\sqrt{\hat{y}_{10}^2 + \hat{y}_{20}^2} < \delta_1$ ならば, $\displaystyle\lim_{x \to \infty} \hat{\boldsymbol{y}}(x) = \boldsymbol{0}$ となる $\delta_1 > 0$ が存在するとき, 原点 (平衡点) は**漸近安定**であるという.

(III) 不安定

安定な平衡点でないとき, **不安定**であるという.

次に原点の安定性や近傍での解軌道の局所的な挙動パターンを調べる上で, **線形近似**の手法を導入する.

変換した微分方程式:(6.18) 式の平衡点 **0** の近傍において, ベクトル関数 $\hat{\boldsymbol{F}}$ の各成分をテイラー展開し,

$$p = \frac{\partial \hat{f}_1}{\partial \hat{y}_1}(0,0), \quad q = \frac{\partial \hat{f}_1}{\partial \hat{y}_2}(0,0), \quad r = \frac{\partial \hat{f}_2}{\partial \hat{y}_1}(0,0), \quad s = \frac{\partial \hat{f}_2}{\partial \hat{y}_2}(0,0)$$

とすると,

$$\begin{cases} \hat{f}_1(\hat{y}_1, \hat{y}_2) = p\hat{y}_1 + q\hat{y}_2 + \varepsilon_1 \\ \hat{f}_2(\hat{y}_1, \hat{y}_2) = r\hat{y}_1 + s\hat{y}_2 + \varepsilon_2 \end{cases}$$

が得られる.

ここで $\varepsilon_1$, $\varepsilon_2$ は,

$$\lim_{(\hat{y}_1, \hat{y}_2) \to (0,0)} \frac{\varepsilon_1}{\sqrt{\hat{y}_1^2 + \hat{y}_2^2}} = \lim_{(\hat{y}_1, \hat{y}_2) \to (0,0)} \frac{\varepsilon_2}{\sqrt{\hat{y}_1^2 + \hat{y}_2^2}} = 0$$

を満たす項である. これから, $\varepsilon_1, \varepsilon_2$ を無視して $A = \begin{pmatrix} p & q \\ r & s \end{pmatrix}$ とおくと, 6.2節

で定義した (6.3) 式と同様の式

---

**ステップ1：キーポイント　　線形化, 線形近似**

$$\frac{d\hat{\boldsymbol{y}}}{dx} = A\hat{\boldsymbol{y}} \tag{6.19}$$

---

となる. これを**線形化**あるいは線形近似された連立微分方程式とよぶ.

そこでまず, (6.3) 式の平衡点である原点の安定性と解軌道について $\boldsymbol{z} = P^{-1}\boldsymbol{y}$ として変数変換して求めた解の結果を用いながら調べよう. なお, もとの変換前の微分方程式 (6.3) 式の解軌道は, (6.5) 式のようにもとに戻して調べればよい.

(a)　$J_1$ もしくは $J_2$ （$\lambda_1$ および $\lambda_2$ は実数）の場合

$$\boldsymbol{z} = \begin{pmatrix} z_1 \\ z_2 \end{pmatrix} = \begin{pmatrix} C_1 e^{\lambda_1 x} \\ C_2 e^{\lambda_2 x} \end{pmatrix} \ (C_1, C_2 \text{ は任意定数}) \text{ で与えられる. さらに } \lambda_1$$

と $\lambda_2$ の符号で分類する.

(a-i)　$\lambda_1 \cdot \lambda_2 > 0$ の場合

$\lambda_1 < 0, \lambda_2 < 0$ の場合には, $\displaystyle\lim_{x \to \infty} z_1(x) = 0, \lim_{x \to \infty} z_2(x) = 0$ であるので, 解軌道はすべて原点に漸近し, $\lambda_2 < \lambda_1 < 0$ であれば, 曲線は $z_1$-軸に接する. （$\lambda_1 < \lambda_2 < 0$ なら曲線は $z_2$-軸に接する.）この場合の原点（平衡点）は安定かつ漸近安定であり, 安定**結節点**という. 図6.1に $\lambda_2 < \lambda_1 < 0$ の場合に別々の初期条件から描いた曲線群を示す. 曲線上の矢印は, $x$ の増加とともに解軌道が進む方向を示しており, すべての解軌道が原点に漸近していることがわかる.

なお, $\lambda_1 = \lambda_2 < 0$ の場合には, 解軌道は曲線ではなく, 原点に漸近する直線となる.

また $\lambda_1 > 0, \lambda_2 > 0$ の場合には, $\displaystyle\lim_{x \to \infty} z_1(x) = \pm\infty, \lim_{x \to \infty} z_2(x) = \pm\infty$ であるので, 解軌道はすべて無限遠にのびていく. 従って, 原点近傍の点を初期条件として与えると, 原点から離れていくので, 原点（平衡点）は不安定であり, 不安定結節点という. 図6.2に $\lambda_2 > \lambda_1 > 0$ の場合の曲線群を示す. 基本

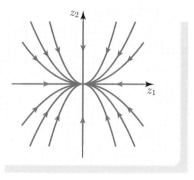

図 **6.1** 安定結節点

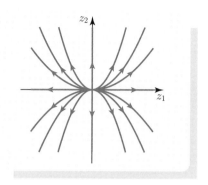

図 **6.2** 不安定結節点

的な曲線の形状は，(a-i) の場合と同じであるが，矢印の向きが反対となっている．

(a-ii) $\lambda_1 \cdot \lambda_2 < 0$ の場合

$\lambda_1 < 0, \lambda_2 > 0$ の場合には，$\displaystyle\lim_{x\to\infty} z_1(x) = 0, \lim_{x\to\infty} z_2(x) = \pm\infty$ であるので，$z_1$-軸に沿う方向では原点に近づくが，$z_2$-軸に沿う方向では原点から遠ざかるという，双曲線のような解曲線となる．図 6.3 に $|\lambda_1| > |\lambda_2|$ の場合の曲線群を示すが，$z_2$ 軸への近づき方が速いことがわかる．この場合の原点（平衡点）は不安定であり，**鞍点**という．

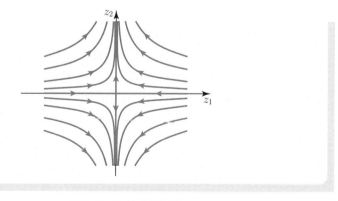

図 **6.3** 鞍点（不安定）

(a-iii) $\lambda_1 = 0$ もしくは $\lambda_2 = 0$ の場合

$\lambda_1 = 0$, $\lambda_2 < 0$ (または, $\lambda_2 = 0$, $\lambda_1 < 0$) の場合には, $z_2$-軸 ($z_1$-軸) に平行に $z_1$-軸 ($z_2$-軸) に漸近する直線となる[7].

(b) $J_3$ の場合

$$\boldsymbol{z} = \begin{pmatrix} z_1 \\ z_2 \end{pmatrix} = \begin{pmatrix} (C_1 + xC_2)e^{\lambda_1 x} \\ C_2 e^{\lambda_1 x} \end{pmatrix} \quad (C_1, \ C_2 \text{ は任意定数}) \ \text{で与えられる}.$$

$\lambda_1 < 0$ のときは, $\displaystyle\lim_{x \to \infty} z_1(x) = 0$, $\displaystyle\lim_{x \to \infty} z_2(x) = 0$ であるので, 解軌道はすべて原点に漸近する. 図6.4に曲線群を示すが, $z_2$-軸の方向は, $z_2(x) = C_2 e^{\lambda_1 x}$ であるので単調に漸近するが, $z_1$ 方向については, $z_1(x) = (C_1 + xC_2)e^{\lambda_1 x}$ より, 単調ではないことがわかる. この場合の原点は, 安定かつ漸近安定であり, 安定**退化結節点**とよばれる. なお, $\lambda_1 > 0$ の場合には, 原点 (平衡点) は不安定である.

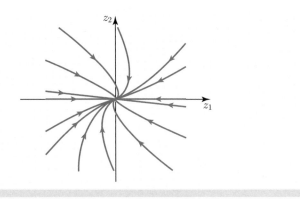

**図6.4** 安定退化結節点

(c) 行列 $A$ の固有値が虚数となる場合 ($J_4$ の場合)

$$\boldsymbol{z} = \begin{pmatrix} z_1 \\ z_2 \end{pmatrix} = \begin{pmatrix} e^{\alpha x}(C_1 \cos \beta x + C_2 \sin \beta x) \\ e^{\alpha x}(-C_1 \sin \beta x + C_2 \cos \beta x) \end{pmatrix}$$

$$(C_1, \ C_2 \text{ は任意定数})$$

で与えられる. 従って,

---

[7] この場合には, 線形近似が適切でない場合があることに注意しよう.

$$z_1^2 + z_2^2 = e^{2\alpha x}(C_1^2 + C_2^2)$$

となるので，$\alpha$ の値によって安定，不安定が変わるので，それにより分類する．

**(c-i)　$\alpha \neq 0$ の場合**

　$\alpha < 0$ の場合には，$\displaystyle \lim_{x \to \infty} z_1(x) = 0, \lim_{x \to \infty} z_2(x) = 0$ であるので，解軌道は
すべて原点に漸近する．図 6.5 に曲線群を示すが，三角関数で与えられている
項によって，振動しながら原点に漸近することがわかる．この場合の原点（平
衡点）は安定かつ漸近安定であり，安定**渦状点**とよばれる．$\alpha > 0$ の場合に
は，原点近傍からの解軌道は離れていき，原点（平衡点）は不安定渦状点とよ
ばれる．

**(c-ii)　$\alpha = 0$ の場合**

　この場合には，

$$z_1^2 + z_2^2 = C_1^2 + C_2^2$$

となるので，初期条件を満足する $C_1$ および $C_2$ から定まる半径 $r = \sqrt{C_1^2 + C_2^2}$
の原点を中心とする円となる．図 6.6 に示すが，この軌道は周期が $\dfrac{2\pi}{\beta}$ の軌道
であり，原点に漸近しないし，また離れてもいかない．従って，原点（平衡点）
は安定ではあるが，漸近安定ではない．この場合の原点（平衡点）を**渦心点**と
いう[8]．

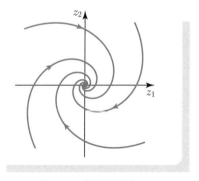

**図 6.5**　安定渦状点

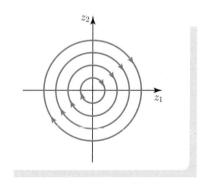

**図 6.6**　渦心点（安定）

---

[8] この場合には，線形近似が適切でない場合があることに注意しよう．

以上，定数係数 2 元連立線形微分方程式：(6.3) 式における原点の安定性と解軌道のパターンを分類したが，(6.18) 式の原点近傍の解軌道の挙動については，次の線形化定理

**ステップ 2 : キーポイント　線形化定理**

線形化された系 $\dfrac{d\hat{\boldsymbol{y}}}{dx} = A\hat{\boldsymbol{y}}$ の固有値 $\lambda_1$, $\lambda_2$ がともに零でない実部をもつなら，原点の安定性は線形化された系のものと同じである．

により，(6.19) 式の原点の安定性と近傍の解軌道パターンを分類することができる．（詳細は参考文献を参照のこと．）以下，具体的な例を見てみよう．

**―例題 6.7―**

連立微分方程式 $\begin{cases} y_1' = -y_1 - 3y_2 + y_1^2 \\ y_2' = y_1 - 5y_2 + y_1y_2 \end{cases}$ において，原点が平衡点であることを確認し，安定性について考察せよ．また原点近傍で線形近似したときの解軌道を図示せよ．

**解答**　与式の右辺をそれぞれ

$$f_1(y_1, y_2) = -y_1 - 3y_2 + y_1^2, \quad f_2(y_1, y_2) = y_1 - 5y_2 + y_1y_2$$

とすると，$f_1(0,0) = f_2(0,0) = 0$ より原点は平衡点である．

右辺を原点のまわりでテイラー展開すると，

$$\frac{\partial f_1}{\partial y_1} = -1 + 2y_1, \quad \frac{\partial f_1}{\partial y_2} = -3, \quad \frac{\partial f_2}{\partial y_1} = 1 + y_2, \quad \frac{\partial f_2}{\partial y_2} = -5 + y_1$$

であるから，これらに $y_1 = y_2 = 0$ を代入すると，線形近似した式は

$$\frac{d\hat{\boldsymbol{y}}}{dx} = \begin{pmatrix} -1 & -3 \\ 1 & -5 \end{pmatrix} \hat{\boldsymbol{y}}$$

となる．行列 $A = \begin{pmatrix} -1 & -3 \\ 1 & -5 \end{pmatrix}$ の固有値とそれに対する固有ベクトルを求める．固有方程式は

$$\begin{vmatrix} -1-\lambda & -3 \\ 1 & -5-\lambda \end{vmatrix} = (\lambda+2)(\lambda+4) = 0$$

であるので，固有値は $-2$ と $-4$ である．従って，固有値が異なる $2$ つの負の実数の場合であるので，原点は安定かつ漸近安定の結節点である．

次に，原点近傍の解軌道を図示するために，それぞれの固有値に対する固有ベクトルを求める．

**(i)　固有値 $\lambda = -2$ のとき**

固有ベクトルを $\boldsymbol{p}_1 = \begin{pmatrix} p_{11} \\ p_{21} \end{pmatrix}$ とおき，同次連立 $1$ 次方程式 $(A+2E)\boldsymbol{p}_1 = \boldsymbol{0}$ を掃き出し法で解く．

$$\begin{pmatrix} 1 & -3 \\ 1 & -3 \end{pmatrix} \to \begin{pmatrix} 1 & -3 \\ 0 & 0 \end{pmatrix}$$

より，$p_{11} - 3p_{21} = 0$ が得られるので，固有ベクトルとして $\boldsymbol{p}_1 = \begin{pmatrix} 3 \\ 1 \end{pmatrix}$ ととれる．

**(ii)　固有値 $\lambda = -4$ のとき**

固有ベクトルを $\boldsymbol{p}_2 = \begin{pmatrix} p_{12} \\ p_{22} \end{pmatrix}$ とおき，同次連立 $1$ 次方程式 $(A+4E)\boldsymbol{p}_2 = \boldsymbol{0}$ を掃き出し法で解く．

$$\begin{pmatrix} 3 & -3 \\ 1 & -1 \end{pmatrix} \to \begin{pmatrix} 1 & -1 \\ 1 & -1 \end{pmatrix} \to \begin{pmatrix} 1 & -1 \\ 0 & 0 \end{pmatrix}$$

より，$p_{12} - p_{22} = 0$ が得られるので，固有ベクトルとして $\boldsymbol{p}_2 = \begin{pmatrix} 1 \\ 1 \end{pmatrix}$ ととれる．

以上から，基本解は $\hat{\boldsymbol{y}}_1 = e^{-2x} \begin{pmatrix} 3 \\ 1 \end{pmatrix}$, $\hat{\boldsymbol{y}}_2 = e^{-4x} \begin{pmatrix} 1 \\ 1 \end{pmatrix}$ であり，一般解は

$$\begin{pmatrix} \hat{y}_1 \\ \hat{y}_2 \end{pmatrix} = C_1\hat{\boldsymbol{y}}_1 + C_2\hat{\boldsymbol{y}}_2 = \begin{pmatrix} 3C_1 e^{-2x} + C_2 e^{-4x} \\ C_1 e^{-2x} + C_2 e^{-4x} \end{pmatrix} \quad (C_1, C_2 \text{ は任意定数})$$

である．従って，原点近傍の解軌道は図 6.7 のようになる．

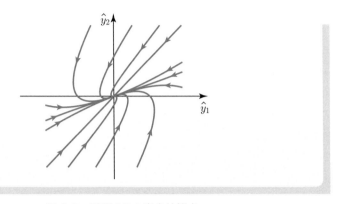

図 **6.7** 例題 6.7 の安定結節点

□

**✅ チェック問題 6.6** 連立微分方程式 $\begin{cases} y'_1 = 2y_2 - y_1 y_2 \\ y'_2 = y_1 - y_2 + y_2^2 \end{cases}$ において，原点が平衡点
であることを確認し，安定性について考察せよ．また原点近傍で線形近似したときの
解軌道を図示せよ．

　最後に，原点以外の平衡点についての安定性解析について説明しておこう．
連立微分方程式の平衡点が $(K_1, K_2)$ であるとき，この点のまわりでの線形化
近似は，

$$p = \frac{\partial f_1}{\partial y_1}(K_1, K_2),$$

$$q = \frac{\partial f_1}{\partial y_2}(K_1, K_2),$$

$$r = \frac{\partial f_2}{\partial y_1}(K_1, K_2),$$

$$s = \frac{\partial f_2}{\partial y_2}(K_1, K_2)$$

を成分とする行列の固有値によって安定性や平衡点の分類を行えばよい．微分
方程式によっては，複数の平衡点が存在する場合があるが，それぞれについて
同様の解析を行えばよいことになる．

# 6.5 極座標変換による解析
## —極座標変換した方程式の解の挙動を解析する

**━━ 極座標への変数変換 ━━**

　前節では，2元連立非線形微分方程式の平衡点近傍での解軌道について，線形近似を用いて解析した．しかしながら，すべての場合において線形近似が有効であるとは限らず，例外について注意をする必要がある．そのために，連立微分方程式の従属変数を平面における極座標に変数変換して解析する方法を紹介する．非線形方程式の解を解析的に求めることは一般に困難であるが，ここでは，極座標に変換して解析することにより，線形近似による安定性解析の注意点を明確にする．さらに極限閉軌道（リミットサイクル）という別の極限集合が現れる場合について紹介する．

　(6.17) 式の自励系の2元連立微分方程式において，相平面：$y_1$-$y_2$ 平面における解の挙動を**極座標変換**を用いた方程式で解析する方が有効である場合がある．特に，原点近傍での解軌道や，動径成分と角度成分が分離できる場合などがそれに該当し，これまで導入してきた従属変数の変数変換を行う場合の一例である．まず変形の手順について説明しよう．相平面の各軸方向の変数である $y_1, y_2$ を

**ステップ1：キーポイント** 　**極座標変換による微分方程式の導出**

$$\begin{cases} y_1 = r\cos\theta \\ y_2 = r\sin\theta \end{cases} \tag{6.20}$$

を考える．ただし，$r \geq 0$ である．これにより (6.17) 式は，

$$\begin{cases} r'\cos\theta - r\theta'\sin\theta = f_1(r\cos\theta, r\sin\theta) \\ r'\sin\theta + r\theta'\cos\theta = f_2(r\cos\theta, r\sin\theta) \end{cases} \tag{6.21}$$

となる．

例 6.1  実ジョルダン標準形の場合の連立微分方程式

$$\begin{cases} y_1' = \alpha y_1 + \beta y_2 \\ y_2' = -\beta y_1 + \alpha y_2 \end{cases}$$

に対して，(6.21) 式の第 1 式の両辺に $\cos\theta$ をかけたものと，第 2 式の両辺に $\sin\theta$ をかけたものを辺々加えると，$r' = \alpha r$ が得られる．また，第 1 式の両辺に $-\sin\theta$ をかけたものと，第 2 式の両辺に $\cos\theta$ をかけたものを辺々加えると，$\theta' = -\beta$ が得られるので，

$$\begin{cases} r' = \alpha r \\ \theta' = -\beta \end{cases}$$

が得られる．これらは独立な 2 つの微分方程式であるので，簡単に解けて，

$$\begin{cases} r = C_1 e^{\alpha x} \\ \theta = -\beta x + C_2 \end{cases} \quad (C_1,\, C_2 \text{ は任意定数})$$

が得られるが，これによる解軌道が図 6.5 もしくは図 6.6 のようになることは理解できよう．　　　　　　　　　　　　　　　　　　　　　　　　□

　それでは，この極座標に変数変換した方程式を用いて，重要な 2 つの項目について説明しよう．

(I)　線形近似では平衡点近傍の正しい安定性が得られない場合
　前節で平衡点の安定性解析に線形近似を用いたが，それでは正しい安定性が得られない場合を紹介しよう．
　連立微分方程式

$$\begin{cases} y_1' = -y_2 - \dfrac{y_1(y_1^2 + y_2^2)}{2} \\ y_2' = y_1 - \dfrac{y_2(y_1^2 + y_2^2)}{2} \end{cases} \tag{6.22}$$

を考える．この式を極座標に変数変換すると，

$$\begin{cases} r' = -\dfrac{r^3}{2} \\ \theta' = 1 \end{cases}$$

となり，これらは独立な 2 つの微分方程式であるので，簡単に解けて，

$$\begin{cases} r = \dfrac{1}{\sqrt{x + C_1}} & (C_1, C_2 \text{ は任意定数}) \\ \theta = x + C_2 \end{cases}$$

が得られる．これから，

$$\lim_{x \to \infty} r = 0$$

であるので，解軌道は回転しながら原点に漸近していく．従って原点は漸近安定な渦状点であることがわかる．

　一方，原点は (6.22) 式の平衡点である．線形近似すると，

$$\frac{d\hat{\boldsymbol{y}}}{dx} = \begin{pmatrix} 0 & -1 \\ 1 & 0 \end{pmatrix} \hat{\boldsymbol{y}}$$

となるので，$A = \begin{pmatrix} 0 & -1 \\ 1 & 0 \end{pmatrix}$ の固有値は $\pm i$（純虚数）である．従って線形化された系での原点は安定な渦心点となり，線形化による結果は間違っていることになる．

　これは固有値の実部が零の場合に生じることであり，線形化定理が適用できない場合である．すなわち，この場合は安定性を決定するためには線形化が適切でない．ではどう考えればよいかというと，例として簡単な 1 つの従属変数の微分方程式 $y' = y^2$ で考えてみよう．この解は

$$y = -\frac{1}{x + C} \quad (C \text{ は任意定数})$$

であるので，$\displaystyle \lim_{x \to \infty} y = 0$ となる．一方で，右辺を $x = 0$ で線形化してみると，$\hat{y}' = 0$ より

$$\hat{y} = C \quad (C \text{ は任意定数})$$

である．従って，この場合の漸近安定となること（安定性）は 1 次より高次の項で決まることになる．すなわち，$x = 0$ のまわりで 2 次までマクローリン展開すると，$\hat{y}' = \hat{y}^2$ となり，もとの微分方程式と同じになる．

(II)　極限閉軌道（リミットサイクル）について

連立微分方程式

$$\begin{cases} y_1' = y_1 - y_2 - y_1(y_1^2 + y_2^2) \\ y_2' = y_1 + y_2 - y_2(y_1^2 + y_2^2) \end{cases} \tag{6.23}$$

を考える．この式を極座標に変換すると，

$$\begin{cases} r' = r - r^3 \\ \theta' = 1 \end{cases}$$

となり，これらは独立な 2 つの微分方程式であるので，簡単に解けて，

$$\begin{cases} r = \dfrac{e^x}{\sqrt{e^{2x} + C_1}} \quad (C_1, C_2 \text{ は任意定数}) \\ \theta = x + C_2 \end{cases}$$

が得られる．図 6.8 に曲線群を示す．$\displaystyle \lim_{x \to \infty} r = 1$ であり，$r < 1$ の領域内の点を発した解軌道は，原点から離れるように反時計回りに回転しながら円に巻き付いていく．一方 $r > 1$ の領域内の点から発した解軌道も反時計回りに円に巻き付いていく．この円（閉曲線）を**極限閉軌道**あるいは**リミットサイクル**といい，非線形力学系や電気回路で活発に研究されている．

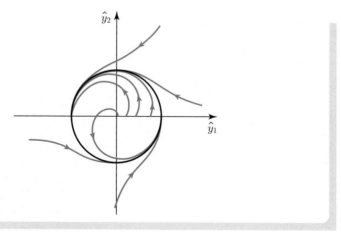

図 **6.8**　極限閉軌道（リミットサイクル）

# 6 章の演習問題

（解答は，https://www.saiensu.co.jp の本書のサポートページを参照）

□ **1** 次の同次連立微分方程式を解け．

(1) $\begin{pmatrix} y_1' \\ y_2' \end{pmatrix} = \begin{pmatrix} 0 & 4 \\ 1 & 0 \end{pmatrix} \begin{pmatrix} y_1 \\ y_2 \end{pmatrix}$

(2) $\begin{pmatrix} y_1' \\ y_2' \end{pmatrix} = \begin{pmatrix} 1 & -1 \\ 1 & 3 \end{pmatrix} \begin{pmatrix} y_1 \\ y_2 \end{pmatrix}$

(3) $\begin{pmatrix} y_1' \\ y_2' \end{pmatrix} = \begin{pmatrix} 0 & 1 \\ -9 & 0 \end{pmatrix} \begin{pmatrix} y_1 \\ y_2 \end{pmatrix}$

(4) $\begin{pmatrix} y_1' \\ y_2' \end{pmatrix} = \begin{pmatrix} 2 & 1 \\ -2 & 0 \end{pmatrix} \begin{pmatrix} y_1 \\ y_2 \end{pmatrix}$

□ **2** 次の非同次連立微分方程式を定数変化法を用いて解け．

(1) $\begin{pmatrix} y_1' \\ y_2' \end{pmatrix} = \begin{pmatrix} -3 & 3 \\ 2 & -2 \end{pmatrix} \begin{pmatrix} y_1 \\ y_2 \end{pmatrix} + \begin{pmatrix} 0 \\ 6e^{-2x} \end{pmatrix}$

(2) $\begin{pmatrix} y_1' \\ y_2' \end{pmatrix} = \begin{pmatrix} 0 & -1 \\ 1 & 0 \end{pmatrix} \begin{pmatrix} y_1 \\ y_2 \end{pmatrix} + \begin{pmatrix} 6\cos 2x \\ 0 \end{pmatrix}$

□ **3** 次の連立微分方程式において，原点が平衡点であることを確認し，安定性について考察せよ．

(1) $\begin{cases} y_1' = 2y_2 - \sin y_1 - 2\sin y_2 \\ y_2' = 2y_1 - 2y_2 + y_1^2 - y_2^2 \end{cases}$

(2) $\begin{cases} y_1' = 2y_1 + 1 - e^{y_2}\cos y_1 \\ y_2' = y_1 + \sin 2y_1 - y_2^2 \end{cases}$

□ **4** 2 階線形微分方程式 $y'' + y' + \sin y = 0$ において，次の問に答えよ．

(1) $y_1 = y$, $y_2 = y'$ とおいて，1 階連立微分方程式を導出せよ．

(2) 平衡点をすべて求めよ．

(3) それぞれの平衡点の安定性について考察せよ．

# 付録 A
# 解の存在と
# 一意性の証明

　ここでは，第 2 章で説明した正規形の微分方程式の初期値問題について，解の存在
と一意性の証明を行う．まず，**ピカールの逐次近似法**について説明する．

　(2.16) 式の 1 階の正規形微分方程式の初期値問題

$$y'(x) = f(x, y), \quad y(x_0) = k_0 \tag{A.1}$$

に対して，以下のように解を近似する関数列 $\hat{y}_n(x)$ $(n = 0, 1, 2, \dots)$ を求めること
を考える．

　(I)　$n = 0$

$$\hat{y}_0(x) = k_0$$

とする．これは，(A.1) 式の右辺の関数を $f(x, y) = 0$ として定数解で近似したもの
である．

　(II)　$n = 1$

初期条件の $y(x_0) = k_0 = \hat{y}_0(x)$ から (A.1) 式の右辺の関数を $f(x, \hat{y}_0)$ として両辺
を積分したものを

$$\hat{y}_1(x) = k_0 + \int_{x_0}^{x} f(x, \hat{y}_0) \, dx$$

とする．

　(III)　$n = 2, 3, \dots$

　それまでに求まっている $\hat{y}_{n-1}(x)$ をもとに，これから (A.1) 式の右辺の関数を
$f(x, \hat{y}_{n-1})$ として両辺を積分したものを

$$\hat{y}_n(x) = k_0 + \int_{x_0}^{x} f(x, \hat{y}_{n-1}) \, dx$$

とする．

　このようにして近似していく方法をピカールの逐次近似法という．構成された近似関
数列 $\{\hat{y}_n(x)\}$ $(n = 0, 1, 2, \dots)$ が初期条件 $\hat{y}(x_0) = k_0$ を満足することは明らかである．

(a) 初期値問題の解が存在することの証明

まずこのような近似連続関数列が存在し, $n \to \infty$ で初期値問題 (A.1) 式の解に一様収束することを示そう.

$\hat{y}_n(x)$ について, $|x - x_0| \le \alpha$ ($\alpha$ は (2.19) 式の $\alpha$) において, (2.17) 式から,

$$\begin{aligned}
|\hat{y}_n(x) - \hat{y}_0(x)| &\le \left| \int_{x_0}^x |f(x, \hat{y}_{n-1})| \, dx \right| \\
&\le M|x - x_0| \\
&\le M\alpha \le b
\end{aligned} \tag{A.2}$$

が成り立つので, $x \in I = [x_0 - \alpha, x_0 + \alpha]$ において. $(x, \hat{y}_n(x)) \in D$ である. したがって, 近似連続関数列 $\{\hat{y}_n(x)\}$ ($n = 0, 1, 2, \ldots$) が定義できるが, 一方リプシッツ条件 (2.18) 式から,

$$\begin{aligned}
&|\hat{y}_{n+1}(x) - \hat{y}_n(x)| \\
&\le \left| \int_{x_0}^x |f(x, \hat{y}_n) - f(x, \hat{y}_{n-1})| \, dx \right| \\
&\le L \left| \int_{x_0}^x |\hat{y}_n(x) - \hat{y}_{n-1}(x)| \, dx \right| \\
&\le L^2 \left| \int_{x_0}^x \left| \int_{x_0}^x |\hat{y}_{n-1}(x) - \hat{y}_{n-2}(x)| \, dx \right| dx \right| \\
&\vdots \\
&\le L^n \underbrace{\left| \int_{x_0}^x \left| \int_{x_0}^x \cdots \left| \int_{x_0}^x |\hat{y}_1(x) - \hat{y}_0(x)| \, dx \right| \cdots \right| dx \right| dx}_{n \text{ 回の積分}} \\
&\le L^n \underbrace{\left| \int_{x_0}^x \left| \int_{x_0}^x \cdots \left| \int_{x_0}^x \left| \int_{x_0}^x |f(x, \hat{y}_0)| \, dx \right| dx \right| \cdots \right| dx \right| dx}_{n+1 \text{ 回の積分}} \\
&\le L^n \underbrace{\left| \int_{x_0}^x \left| \int_{x_0}^x \cdots \left| \int_{x_0}^x \left| \int_{x_0}^x M|x - x_0| \, dx \right| dx \right| \cdots \right| dx \right| dx}_{n \text{ 回の積分}} \\
&= \frac{L^n M}{(n+1)!} |x - x_0|^{n+1} \le \frac{L^n M}{(n+1)!} \alpha^{n+1}
\end{aligned} \tag{A.3}$$

が成り立つ[1]. ここで, 任意の自然数 $n, m$ ($m > n$) に対して,

---

[1] 見づらいが, $x < x_0$ の場合を考えて, 各積分に対して絶対値としていることに注意しよう.

$$|\hat{y}_m(x) - \hat{y}_n(x)|$$

$$\leq |\hat{y}_m(x) - \hat{y}_{m-1}(x)| + |\hat{y}_{m-1}(x) - \hat{y}_{m-2}(x)| + \cdots + |\hat{y}_{n+1}(x) - \hat{y}_n(x)|$$

$$\leq \frac{L^{m-1}M}{m!}\alpha^m + \frac{L^{m-2}M}{(m-1)!}\alpha^{m-1} + \cdots + \frac{L^n M}{(n+1)!}\alpha^{n+1}$$

$$= \frac{M}{L}\sum_{i=n+1}^{m} \frac{(L\alpha)^i}{i!} \tag{A.4}$$

である．$L, M, \alpha$ は $x$ には無関係の正の定数であり，マクローリン展開

$$e^{L\alpha} = \sum_{i=0}^{\infty} \frac{(L\alpha)^i}{i!} < \infty$$

を考えれば，(A.4) 式の最右辺は $n \to \infty$, $m \to \infty$ で零に収束する．したがって，コーシーの定理により，近似連続関数列 $\{\hat{y}_n(x)\}$ は極限関数 $\hat{y}(x)$ に一様収束する．ここでこの極限関数 $\hat{y}(x)$ は $n \to \infty$ の極限において，

$$\hat{y}(x) = k_0 + \lim_{n\to\infty} \int_{x_0}^{x} f(x, \hat{y}_n)\,dx$$

を満足するが，$f(x, y)$ がリプシッツ条件 (2.18) 式を満足し，近似連続関数列が一様収束することから，$\lim$ と積分の順序が交換できるので，

$$\hat{y}(x) = k_0 + \int_{x_0}^{x} \left\{ \lim_{n\to\infty} f(x, \hat{y}_n) \right\} dx$$

$$= k_0 + \int_{x_0}^{x} f(x, \hat{y})\,dx$$

である．

　一方，(A.1) 式の初期値問題の解 $y(x)$ が存在したとすると，$y(x)$ は区間 $I$ で $C^1$-級であり，(A.1) 式の微分方程式の両辺を積分すれば，

$$y(x) = k_0 + \int_{x_0}^{x} f(x, y)\,dx \tag{A.5}$$

が成り立つ．逆にこの式の両辺を $x$ で微分すれば，(A.1) 式の微分方程式となるので，(A.1) 式の初期値問題の解は，(A.5) 式を満足するものである．したがって極限関数 $\hat{y}(x)$ は (A.1) 式の初期値問題の解であり，解が存在することが証明された．□

(b)　解の一意性の証明

(A.5) 式を満足する解が $y(x)$ と $z(x)$ の 2 つ存在したとする．このとき，リプシッツ条件 (2.18) 式より

$$\begin{aligned}
|y(x) - z(x)| &= \left| \int_{x_0}^{x} \{f(x,y) - f(x,z)\}\, dx \right| \\
&\leq \left| \int_{x_0}^{x} |f(x,y) - f(x,z)|\, dx \right| \\
&\leq L \left| \int_{x_0}^{x} |y(x) - z(x)|\, dx \right| \tag{A.6}
\end{aligned}$$

である．ここで，$y(x)$ と $z(x)$ は連続であるので $y(x) - z(x)$ も連続であり，かつ初期条件を満足するので，$y(x_0) - z(x_0) = 0$ である．したがって最大値の定理より，区間 $I$ の $x$ について $|y(x) - z(x)| < K$ を満足する有限の正の数 $K$ が存在し，

$$|y(x) - z(x)| \leq KL|x - x_0|$$

である．したがって，これを (A.6) 式に代入し，これを順次繰り返すと，

$$\begin{aligned}
0 \leq |y(x) - z(x)| &\leq \left| \int_{x_0}^{x} KL^2 |x - x_0|\, dx \right| \\
&= \frac{KL^2}{2} |x - x_0|^2 \\
&\quad \vdots \\
&\leq \frac{KL^n}{n!} |x - x_0|^n \\
&\leq \frac{K(L\alpha)^n}{n!}
\end{aligned}$$

であるので，$\displaystyle \lim_{n \to \infty} \frac{(L\alpha)^{n+1}}{(n+1)!} = 0$ より $n \to \infty$ で零に収束する．したがって，

$$y(x) \equiv z(x)$$

である．　　　　　　　　　　　　　　　　　　　　　　　　　　　　　□

　2 階以上の正規形の微分方程式の初期値問題については，それを正規形の 1 階連立微分方程式に変形できれば，上述の 1 階の正規形微分方程式の場合と同様に解の存在と一意性が証明できる．ここでは，簡単に紹介するにとどめるが，証明も上述の 1 階の場合に準じる．

**1 階正規形連立微分方程式の初期値問題の解の存在と一意性に関する定理**

1 階の正規形連立微分方程式の初期値問題

$$y_i'(x) = f_i(x, y_1, y_2, \ldots, y_n), \quad y_i(x_0) = k_{0i} \quad (i = 1, 2, \ldots, n) \tag{A.7}$$

を考える. このとき, $a, b_i \ (i = 1, 2, \ldots, n)$ を正定数とし, 閉領域 $D$:

$$D = \{(x, y_1, y_2, \ldots, y_n) \mid |x - x_0| \leq a, |y_i - k_{0i}| \leq b_i \ (i = 1, 2, \ldots, n)\}$$

上で定義された関数 $f_i(x, y_1, y_2, \ldots, y_n)$ について,

(I)  領域 $D$ において, 関数 $f_i(x, y_1, y_2, \ldots, y_n)$ は一価連続であり, 正定数 $M_i$ が存在して,

$$|f_i(x, y_1, y_2, \ldots, y_n)| \leq M_i \quad (i = 1, 2, \ldots, n) \tag{A.8}$$

を満足する.

(II)  領域 $D$ で正定数 $L_i \ (i = 1, 2, \ldots, n)$ が存在して,

$$|f_i(x, y_1, y_2, \ldots, y_n) - f_i(x, z_1, z_2, \ldots, z_n)| \leq L_i \sum_{j=1}^{n} |y_j - z_j|$$

$$((x, y_1, y_2, \ldots, y_n) \in D, (x, z_1, z_2, \ldots, z_n) \in D)$$

$$(i = 1, 2, \ldots, n) \tag{A.9}$$

が成立する.

という条件 (I), (II) が成立するとき, 初期値問題 (A.7) 式の解が

$$0 \leq |x - x_0| \leq \alpha = \min\left(a, \frac{b_1}{M_1}, \frac{b_2}{M_2}, \ldots, \frac{b_n}{M_n}\right) \tag{A.10}$$

において唯一つ存在する.

# 付録 B
# 行列の指数関数と同次
# 1 階連立線形微分方程式の解

　ここでは，第 6 章の定数係数の同次 1 階連立線形微分方程式について，係数行列を用いた指数関数で初期値問題の特殊解を表現する方法について説明する．まず，付録 A で紹介したピカールの逐次近似法を用いた解法により，行列の指数関数を導入する．

　(6.3) 式のベクトル・行列表現した定数係数の連立微分方程式の初期値問題

$$\frac{d\boldsymbol{y}}{dx} = A\boldsymbol{y}, \quad \boldsymbol{y}(0) = \begin{pmatrix} y_1(0) \\ y_2(0) \end{pmatrix} = \begin{pmatrix} k_1 \\ k_2 \end{pmatrix} \tag{B.1}$$

を考える．ここで $A = \begin{pmatrix} p & q \\ r & s \end{pmatrix}$ は定数行列であり，式を簡単にするため，$x_0 = 0$ とした．この問題に対して，以下のようにピカールの逐次近似法で解くことを考える．

(I)　$n = 0$

$$\hat{\boldsymbol{y}}_0(x) = \begin{pmatrix} k_1 \\ k_2 \end{pmatrix}$$

とする．

(II)　$n = 1$

　(B.1) 式の右辺の関数を $A\hat{\boldsymbol{y}}_0(x) = A\begin{pmatrix} k_1 \\ k_2 \end{pmatrix}$ として両辺を成分ごとに積分したものを

$$\hat{\boldsymbol{y}}_1(x) = \begin{pmatrix} k_1 \\ k_2 \end{pmatrix} + \begin{pmatrix} \int_0^x (pk_1 + qk_2)\, dx \\ \int_0^x (rk_1 + sk_2)\, dx \end{pmatrix} = (E + xA)\begin{pmatrix} k_1 \\ k_2 \end{pmatrix}$$

とする．

(III)　$n = 2$

(B.1) 式の右辺の関数を $A\hat{\boldsymbol{y}}_1(x) = A(E + xA)\begin{pmatrix} k_1 \\ k_2 \end{pmatrix}$ として両辺を積分すると,

$n = 1$ の場合と同様にして,

$$\hat{\boldsymbol{y}}_2(x) = \begin{pmatrix} k_1 \\ k_2 \end{pmatrix} + \int_0^x \left\{ A(E + xA)\begin{pmatrix} k_1 \\ k_2 \end{pmatrix} \right\} dx$$

$$= E\begin{pmatrix} k_1 \\ k_2 \end{pmatrix} + \left\{ \left( \int_0^x dx \right) A + \left( \int_0^x x\, dx \right) A^2 \right\} \begin{pmatrix} k_1 \\ k_2 \end{pmatrix}$$

$$= \left( E + xA + \frac{x^2}{2} A^2 \right) \begin{pmatrix} k_1 \\ k_2 \end{pmatrix}$$

である.

(IV)　$n = i \;\; (i \geq 3)$

同様の計算を繰り返し, $\hat{\boldsymbol{y}}_{i-1}$ まで求まっているとして, (B.1) 式の右辺の関数を

$$A\hat{\boldsymbol{y}}_{i-1}(x) = A\left( E + xA + \cdots + \frac{x^{i-1}}{(i-1)!} A^{n-1} \right) \begin{pmatrix} k_1 \\ k_2 \end{pmatrix}$$

として両辺を積分すると,

$$\hat{\boldsymbol{y}}_i(x)$$

$$= \begin{pmatrix} k_1 \\ k_2 \end{pmatrix} + \int_0^x \left\{ A\left( E + xA + \cdots + \frac{x^{i-1}}{(i-1)!} A^{i-1} \right)\begin{pmatrix} k_1 \\ k_2 \end{pmatrix} \right\} dx$$

$$= E\begin{pmatrix} k_1 \\ k_2 \end{pmatrix}$$

$$\quad + \left[ \left( \int_0^x dx \right) A + \left( \int_0^x x\, dx \right) A^2 + \cdots + \left\{ \int_0^x \frac{x^{i-1}}{(i-1)!} dx \right\} A^i \right] \begin{pmatrix} k_1 \\ k_2 \end{pmatrix}$$

$$= \left( E + xA + \cdots + \frac{x^i}{i!} A^i \right) \begin{pmatrix} k_1 \\ k_2 \end{pmatrix}$$

である.

このようにして構成された近似関数列 $\{\hat{\boldsymbol{y}}_n(x)\}$ $(n = 0, 1, 2, \ldots)$ は極限ベクトル関数 $\hat{\boldsymbol{y}}$ に一様収束することが示されるので, $\hat{\boldsymbol{y}}$ は初期値問題 (B.1) 式の解である[1]. そこで, 指数関数 $e^{ax}$ ($a$ は定数) のマクローリン展開

$$e^{ax} = 1 + ax + \frac{x^2}{2!} a^2 + \cdots + \frac{x^n}{n!} a^n + \cdots$$

から, 行列の指数関数を

---

[1] 付録 A を参照のこと.

**行列の指数関数**

$$e^{xA} = \exp(xA) = E + xA + \frac{x^2}{2!}A^2 + \cdots + \frac{x^n}{n!}A^n + \cdots \qquad (\text{B.2})$$

と定義しよう. ここで, $x = 0$ の場合は, $\exp(0A) = E$ である. これを用いると, 初期値問題 (B.1) 式の解が,

$$\boldsymbol{y}(x) = \begin{pmatrix} y_1(x) \\ y_2(x) \end{pmatrix} = \exp(xA)\begin{pmatrix} k_1 \\ k_2 \end{pmatrix} \qquad (\text{B.3})$$

となることが示せる. また (B.3) 式は, 初期値ベクトル $\begin{pmatrix} k_1 \\ k_2 \end{pmatrix}$ に行列 $\exp(xA)$ を

かけることによって, 任意の $x$ における解 $\begin{pmatrix} y_1(x) \\ y_2(x) \end{pmatrix}$ が直接得られることを示してお

り, このように表現することによって, 一般解における任意定数を初期値ベクトルの各成分とすることができるので直感的に扱いやすい[2].

　ここで注意すべきことは, 2 つの行列 $A, B$ について $AB = BA$ [3] の場合を除いて

$$e^{A+B} \neq e^A e^B$$

である. 逆に $AB = BA$ ならば, 実数の場合と同様に,

$$e^{A+B} = e^A e^B = e^B e^A$$

が成立する.

　与えられた行列 $A$ に対する初期値問題 (B.1) 式の解を固有値問題 (ジョルダンの標準形) を利用して求めてみよう. 基本的には, 第 6 章で説明したように, 正則行列 $P$ を用いて $\boldsymbol{z} = P^{-1}\boldsymbol{y}$ と変数変換して行列 $A$ をジョルダンの標準形 $J = P^{-1}AP$ に変数変換して $e^{xJ}$ を求め, 逆の変換をして $e^{xA}$ を求めればよい. このとき,

$$A^n = \underbrace{(PJP^{-1})(PJP^{-1})\cdots(PJP^{-1})}_{n\text{個}} = PJ^nP^{-1}$$

を利用して,

$$\begin{aligned}
e^{xA} &= E + xA + \frac{x^2}{2!}A^2 + \cdots + \frac{x^n}{n!}A^n + \cdots \\
&= PEP^{-1} + x(PJP^{-1}) + \cdots + \frac{x^n}{n!}(PJ^nP^{-1}) + \cdots \\
&= P\left(E + xJ + \cdots + \frac{x^n}{n!}J^n + \cdots\right)P^{-1} \\
&= Pe^{xJ}P^{-1} \qquad\qquad\qquad\qquad\qquad\qquad\qquad (\text{B.4})
\end{aligned}$$

---

[2] このような行列を (B.1) 式の微分方程式の**解核行列**という.

[3] この関係を行列 $A$ と $B$ は可換であるという.

の関係があることに注意しよう．まず，それぞれの実ジョルダンの標準形に分類して求めよう．

(I)　$J_1 = \begin{pmatrix} \lambda_1 & 0 \\ 0 & \lambda_2 \end{pmatrix}$ に変換される場合の $e^{xA}$　$\left(J_2 = \begin{pmatrix} \lambda_1 & 0 \\ 0 & \lambda_1 \end{pmatrix}$ の場合もこの場合

と同様にして求められる．$\big)$

$J_1^n = \begin{pmatrix} \lambda_1^n & 0 \\ 0 & \lambda_2^n \end{pmatrix}$ であるので，

$$
\begin{aligned}
e^{xJ_1} &= E + xJ_1 + \frac{x^2}{2!}J_1^2 + \cdots + \frac{x^n}{n!}J_1^n + \cdots \\
&= \begin{pmatrix} 1 & 0 \\ 0 & 1 \end{pmatrix} + x\begin{pmatrix} \lambda_1 & 0 \\ 0 & \lambda_2 \end{pmatrix} + \cdots + \frac{x^n}{n!}\begin{pmatrix} \lambda_1^n & 0 \\ 0 & \lambda_2^n \end{pmatrix} + \cdots \\
&= \begin{pmatrix} \displaystyle\sum_{i=0}^{\infty} \frac{x^i}{i!}\lambda_1^i & 0 \\ 0 & \displaystyle\sum_{i=0}^{\infty} \frac{x^i}{i!}\lambda_2^i \end{pmatrix} = \begin{pmatrix} e^{\lambda_1 x} & 0 \\ 0 & e^{\lambda_2 x} \end{pmatrix}
\end{aligned}
$$

が得られる．したがって，(B.4) 式から

---

**ステップ2：公式**　　**$A$ が対角化可能な場合の一般解**

$$
\boldsymbol{y} = (\,\boldsymbol{p}_1 \ \ \boldsymbol{p}_2\,)\begin{pmatrix} e^{\lambda_1 x} & 0 \\ 0 & e^{\lambda_2 x} \end{pmatrix}(\,\boldsymbol{p}_1 \ \ \boldsymbol{p}_2\,)^{-1}\begin{pmatrix} k_1 \\ k_2 \end{pmatrix}
$$

$\lambda_1, \lambda_2$ は行列 $A$ の固有値，

$\boldsymbol{p}_1, \boldsymbol{p}_2$ は固有ベクトル $\begin{cases} A\boldsymbol{p}_1 = \lambda_1\boldsymbol{p}_1 \\ A\boldsymbol{p}_2 = \lambda_2\boldsymbol{p}_2 \end{cases}$ 　　　　(B.5)

---

（**注意**）　(6.6) 式の一般解の表式と比較すると以下の通りとなる．

$$
\boldsymbol{z}(0) = P^{-1}\boldsymbol{y}(0) = (\,\boldsymbol{p}_1 \ \ \boldsymbol{p}_2\,)^{-1}\begin{pmatrix} k_1 \\ k_2 \end{pmatrix}
$$

という初期条件から $\boldsymbol{z}(x) = e^{xJ_1}\boldsymbol{z}(0)$ であるので，これから $\boldsymbol{y}(x)$ に戻して

$$
\begin{aligned}
\boldsymbol{y}(x) &= P\boldsymbol{z}(x) = Pe^{xJ_1}\boldsymbol{z}(0) \\
&= (\,\boldsymbol{p}_1 \ \ \boldsymbol{p}_2\,)e^{xJ_1}(\,\boldsymbol{p}_1 \ \ \boldsymbol{p}_2\,)^{-1}\begin{pmatrix} k_1 \\ k_2 \end{pmatrix} = e^{xA}\begin{pmatrix} k_1 \\ k_2 \end{pmatrix}
\end{aligned}
$$

となる．すなわち (6.6) 式で任意定数とした $C_1, C_2$ は

$$\begin{pmatrix} C_1 \\ C_2 \end{pmatrix} = P^{-1} \begin{pmatrix} k_1 \\ k_2 \end{pmatrix} = \boldsymbol{z}(0)$$

であることがわかる．これは他のジョルダンの標準形の場合でも同様である．

(II)　$J_3 = \begin{pmatrix} \lambda_1 & 1 \\ 0 & \lambda_1 \end{pmatrix}$ に変換される場合の $e^{xA}$

$$J_3^2 = \begin{pmatrix} \lambda_1^2 & 2\lambda_1 \\ 0 & \lambda_1^2 \end{pmatrix}, J_3^3 = \begin{pmatrix} \lambda_1^3 & 3\lambda_1^2 \\ 0 & \lambda_1^3 \end{pmatrix}, \ldots, J_3^n = \begin{pmatrix} \lambda_1^n & n\lambda_1^{n-1} \\ 0 & \lambda_1^n \end{pmatrix}$$ である．（証明

は数学的帰納法による．）よって，

$$\begin{aligned}
e^{xJ_3} &= E + xJ_3 + \cdots + \frac{x^n}{n!} J_3^n + \cdots \\
&= \begin{pmatrix} 1 & 0 \\ 0 & 1 \end{pmatrix} + x\begin{pmatrix} \lambda_1 & 1 \\ 0 & \lambda_1 \end{pmatrix} + \cdots + \frac{x^n}{n!}\begin{pmatrix} \lambda_1^n & n\lambda_1^{n-1} \\ 0 & \lambda_1^n \end{pmatrix} + \cdots \\
&= \begin{pmatrix} \displaystyle\sum_{i=0}^{\infty} \frac{x^i}{i!}\lambda_1^i & x\displaystyle\sum_{i=0}^{\infty} \frac{x^i}{i!}\lambda_1^i \\ 0 & \displaystyle\sum_{i=0}^{\infty} \frac{x^i}{i!}\lambda_1^i \end{pmatrix} = \begin{pmatrix} e^{\lambda_1 x} & xe^{\lambda_1 x} \\ 0 & e^{\lambda_1 x} \end{pmatrix}
\end{aligned}$$

が得られる．したがって，(B.4) 式から

**ステップ 2：公式**　　$A$ が対角化できない場合の一般解

$$\boldsymbol{y} = \begin{pmatrix} \boldsymbol{p}_1 & \boldsymbol{p}_2 \end{pmatrix} \begin{pmatrix} e^{\lambda_1 x} & xe^{\lambda_1 x} \\ 0 & e^{\lambda_1 x} \end{pmatrix} \begin{pmatrix} \boldsymbol{p}_1 & \boldsymbol{p}_2 \end{pmatrix}^{-1} \begin{pmatrix} k_1 \\ k_2 \end{pmatrix}$$

$\lambda_1$ は行列 $A$ の固有値，

$\boldsymbol{p}_1, \boldsymbol{p}_2$ は，$\begin{cases} A\boldsymbol{p}_1 = \lambda_1 \boldsymbol{p}_1 \\ A\boldsymbol{p}_2 = \lambda_1 \boldsymbol{p}_2 + \boldsymbol{p}_1 \end{cases}$ から求める．　　　(B.6)

(III)　行列の固有値が虚数となる場合：$J_4 = \begin{pmatrix} \alpha & \beta \\ -\beta & \alpha \end{pmatrix}$ の $e^{xA}$

$J_4 = \alpha \begin{pmatrix} 1 & 0 \\ 0 & 1 \end{pmatrix} + \beta \begin{pmatrix} 0 & 1 \\ -1 & 0 \end{pmatrix} = \alpha E + \beta \hat{J}$ とする．行列 $\alpha x E$ と $\beta x \hat{J}$ は可換であるので，

$$
\begin{aligned}
e^{xJ_4} &= E + xJ_4 + \frac{x^2}{2!}J_4^2 + \cdots + \frac{x^n}{n!}J_4^n + \cdots \\
&= e^{x(\alpha E + \beta \hat{J})} \\
&= e^{\alpha x E + \beta x \hat{J}} \\
&= e^{\alpha x E} e^{\beta x \hat{J}}
\end{aligned}
$$

が成り立つ．$e^{\alpha x E}$ と $e^{\beta x \hat{J}}$ を別々に求めよう．まず $e^{\alpha x E}$ については，

$$
\begin{aligned}
e^{\alpha x E} &= E + \alpha x E + \frac{(\alpha x)^2}{2!}E^2 + \cdots + \frac{(\alpha x)^n}{n!}E^n + \cdots \\
&= \begin{pmatrix} \displaystyle\sum_{i=0}^{\infty} \frac{(\alpha x)^i}{i!} & 0 \\ 0 & \displaystyle\sum_{i=0}^{\infty} \frac{(\alpha x)^i}{i!} \end{pmatrix} = \begin{pmatrix} e^{\alpha x} & 0 \\ 0 & e^{\alpha x} \end{pmatrix}
\end{aligned}
$$

となる．一方，$e^{\beta x \hat{J}}$ については，

$$
(\beta x \hat{J})^2 = -(\beta x)^2 E, \quad (\beta x \hat{J})^3 = -(\beta x)^3 \hat{J}, \quad (\beta x \hat{J})^4 = (\beta x)^4 E
$$

であるので，$(\beta x \hat{J})^{2m} = (-1)^m (\beta x)^{2m} E$，$(\beta x \hat{J})^{2m+1} = (-1)^m (\beta x)^{2m+1} \hat{J}$ $(m = 0, 1, 2, \ldots)$（証明は数学的帰納法による．）よって，

$$
\begin{aligned}
e^{\beta x \hat{J}} &= E + \beta x \hat{J} - \frac{(\beta x)^2}{2!}E - \frac{(\beta x)^3}{3!}\hat{J} + \cdots \\
&\quad + \frac{(-1)^m (\beta x)^{2m}}{(2m)!}E + \frac{(-1)^m (\beta x)^{2m+1}}{(2m+1)!}\hat{J} + \cdots \\
&= \left\{ E - \frac{(\beta x)^2}{2!}E + \cdots + \frac{(-1)^m (\beta x)^{2m}}{(2m)!}E + \cdots \right\} \\
&\quad + \left\{ \beta x \hat{J} - \frac{(\beta x)^3}{3!}\hat{J} + \cdots + \frac{(-1)^m (\beta x)^{2m+1}}{(2m+1)!}\hat{J} + \cdots \right\} \\
&= (\cos \beta x)E + (\sin \beta x)\hat{J} = \begin{pmatrix} \cos \beta x & \sin \beta x \\ -\sin \beta x & \cos \beta x \end{pmatrix}
\end{aligned}
$$

が得られる. ただし, $\cos\beta x$ と $\sin\beta x$ のマクローリン展開

$$\cos\beta x = 1 - \frac{(\beta x)^2}{2!} + \frac{(\beta x)^4}{4!} + \cdots + \frac{(-1)^m(\beta x)^{2m}}{(2m)!} + \cdots,$$

$$\sin\beta x = \beta x - \frac{(\beta x)^3}{3!} + \frac{(\beta x)^5}{5!} + \cdots + \frac{(-1)^m(\beta x)^{2m+1}}{(2m+1)!} + \cdots$$

を用いた. したがって,

$$e^{J_4 x} = e^{\alpha x E} e^{\beta x \hat{J}} = \begin{pmatrix} e^{\alpha x} & 0 \\ 0 & e^{\alpha x} \end{pmatrix} \begin{pmatrix} \cos\beta x & \sin\beta x \\ -\sin\beta x & \cos\beta x \end{pmatrix}$$

$$= \begin{pmatrix} e^{\alpha x}\cos\beta x & e^{\alpha x}\sin\beta x \\ -e^{\alpha x}\sin\beta x & e^{\alpha x}\cos\beta x \end{pmatrix}$$

であり, (B.4) 式から

---

**ステップ 2 : 公式**　　$A$ の固有値が共役な虚数 $\alpha \pm i\beta$ の場合の一般解

$$\boldsymbol{y} = (\,\boldsymbol{r}\ \ \boldsymbol{s}\,) \begin{pmatrix} e^{\alpha x}\cos\beta x & e^{\alpha x}\sin\beta x \\ -e^{\alpha x}\sin\beta x & e^{\alpha x}\cos\beta x \end{pmatrix} (\,\boldsymbol{r}\ \ \boldsymbol{s}\,)^{-1} \begin{pmatrix} k_1 \\ k_2 \end{pmatrix}$$

$\alpha,\ \beta,\ \boldsymbol{r},\ \boldsymbol{s}$ は, $\begin{cases} A\boldsymbol{p}_1 = (\alpha + i\beta)\boldsymbol{p}_1 \\ \boldsymbol{p}_1 = \boldsymbol{r} + i\boldsymbol{s} \end{cases}$ から求める.　　　　(B.7)

---

# チェック問題の解答

**1.1** 省略

**1.2** $I_n = \displaystyle\int x^n \sin x \, dx,\ J_n = \int x^n \cos x \, dx$ とする. $I_0 = -\cos x$ より,

$$
\begin{aligned}
I_2 &= -x^2 \cos x + 2J_1 \\
&= -x^2 \cos x + 2(x \sin x - I_0) \\
&= -x^2 \cos x + 2x \sin x + 2\cos x
\end{aligned}
$$

**1.3** 係数行列を基本変形する.

$$
\begin{pmatrix} 1 & -3 & 1 \\ 2 & -6 & 2 \\ -3 & 9 & -3 \end{pmatrix} \to \begin{pmatrix} 1 & -3 & 1 \\ 0 & 0 & 0 \\ 0 & 0 & 0 \end{pmatrix} \text{ より, } x - 3y + z = 0 \text{ が得られる.}
$$

$y = c_1,\ z = c_2$ とおくと, $x = 3c_1 - c_2$ だから,

$$
\begin{pmatrix} x \\ y \\ z \end{pmatrix} = \begin{pmatrix} 3c_1 - c_2 \\ c_1 \\ c_2 \end{pmatrix} = c_1 \begin{pmatrix} 3 \\ 1 \\ 0 \end{pmatrix} + c_2 \begin{pmatrix} -1 \\ 0 \\ 1 \end{pmatrix} \quad (c_1, c_2 \text{ は任意定数})
$$

**1.4** 行列 $A$ の固有値とそれに対する固有ベクトルを求める. 固有方程式は

$$
\begin{vmatrix} 3 - \lambda & -2 \\ 1 & -\lambda \end{vmatrix} = \lambda^2 - 3\lambda + 2 = (\lambda - 1)(\lambda - 2) = 0
$$

であるので, 固有値は 1 と 2 である. それぞれの固有値に対する固有ベクトルを求める.

(i) 固有値 $\lambda = 1$ のとき

固有ベクトルを $\boldsymbol{p}_1 = \begin{pmatrix} p_{11} \\ p_{21} \end{pmatrix}$ とおき,同次連立 1 次方程式 $(A - E)\boldsymbol{p}_1 = \boldsymbol{0}$ を掃き出し法で解く.

$$\begin{pmatrix} 2 & -2 \\ 1 & -1 \end{pmatrix} \to \begin{pmatrix} 1 & -1 \\ 1 & -1 \end{pmatrix} \to \begin{pmatrix} 1 & -1 \\ 0 & 0 \end{pmatrix}$$

より,$p_{11} - p_{21} = 0$ が得られるので,固有ベクトルとして $\boldsymbol{p}_1 = \begin{pmatrix} 1 \\ 1 \end{pmatrix}$ ととれる.

(ii) 固有値 $\lambda = 2$ のとき

固有ベクトルを $\boldsymbol{p}_2 = \begin{pmatrix} p_{12} \\ p_{22} \end{pmatrix}$ とおき,同次連立 1 次方程式 $(A - 2E)\boldsymbol{p}_2 = \boldsymbol{0}$ を掃き出し法で解く.

$$\begin{pmatrix} 1 & -2 \\ 1 & -2 \end{pmatrix} \to \begin{pmatrix} 1 & -2 \\ 0 & 0 \end{pmatrix}$$

より,$p_{12} - 2p_{22} = 0$ が得られるので,固有ベクトルとして $\boldsymbol{p}_2 = \begin{pmatrix} 2 \\ 1 \end{pmatrix}$ ととれる.

以上から,正則行列 $P = \begin{pmatrix} 1 & 2 \\ 1 & 1 \end{pmatrix}$ として,$P^{-1}AP = \begin{pmatrix} 1 & 0 \\ 0 & 2 \end{pmatrix}$ と対角化される.

**1.5** 行列 $A$ の固有値を求める.固有方程式は

$$\begin{vmatrix} 1 - \lambda & -1 \\ 1 & 3 - \lambda \end{vmatrix} = \lambda^2 - 4\lambda + 4 = (\lambda - 2)^2 = 0$$

であるので,固有値は 2(重解)である.固有値 2 に対する固有ベクトルを求める.

固有値 $\lambda = 2$ に対する固有ベクトルを $\boldsymbol{p}_1 = \begin{pmatrix} p_{11} \\ p_{21} \end{pmatrix}$ とおき,同次連立 1 次方程式 $(A - 2E)\boldsymbol{p}_1 = \boldsymbol{0}$ を掃き出し法で解く.

$$\begin{pmatrix} -1 & -1 \\ 1 & 1 \end{pmatrix} \to \begin{pmatrix} 1 & 1 \\ 1 & 1 \end{pmatrix} \to \begin{pmatrix} 1 & 1 \\ 0 & 0 \end{pmatrix}$$

より,$p_{11} + p_{21} = 0$ が得られるので,固有ベクトルとして $\boldsymbol{p}_1 = \begin{pmatrix} -1 \\ 1 \end{pmatrix}$ ととれる.

次に (1.32) 式の第 2 式で $\boldsymbol{p}_2 = \begin{pmatrix} p_{12} \\ p_{22} \end{pmatrix}$ とおき,非同次連立 1 次方程式 $(A - 2E)\boldsymbol{p}_2 = \boldsymbol{p}_1$ を掃き出し法で解く.

$$\begin{pmatrix} -1 & -1 & | & -1 \\ 1 & 1 & | & 1 \end{pmatrix} \to \begin{pmatrix} 1 & 1 & | & 1 \\ 1 & 1 & | & 1 \end{pmatrix} \to \begin{pmatrix} 1 & 1 & | & 1 \\ 0 & 0 & | & 0 \end{pmatrix}$$

より, $p_{12} + p_{22} = 1$ が得られるので, $\boldsymbol{p}_2 = \begin{pmatrix} 1 \\ 0 \end{pmatrix}$ ととれる.

以上から, 正則行列 $P = \begin{pmatrix} -1 & 1 \\ 1 & 0 \end{pmatrix}$ として, $J = P^{-1}AP = \begin{pmatrix} 2 & 1 \\ 0 & 2 \end{pmatrix}$ が得られる.

## ■ 第2章

**2.1** $y_2 = y'$ であり, $y'' = (y')' = y_2'$ である. $y'' + p_1(x)y' + p_2(x)y = q(x)$ より,

$$y'' = y_2' = -p_1(x)y' - p_2(x)y + q(x) = -p_1(x)y_2 - p_2(x)y_1 + q(x)$$

だから, $y_1' = y_2$ も含めた行列表現は,

$$\begin{pmatrix} y_1' \\ y_2' \end{pmatrix} = \begin{pmatrix} 0 & 1 \\ -p_2(x) & -p_1(x) \end{pmatrix} \begin{pmatrix} y_1 \\ y_2 \end{pmatrix} + \begin{pmatrix} 0 \\ q(x) \end{pmatrix}$$

となる.

## ■ 第3章

**3.1** 与式の両辺を $\dfrac{1+y^2}{2y}$ で割ると,

$$\frac{2y}{1+y^2} \frac{dy}{dx} = \frac{1}{1+x^2}$$

が得られる. 両辺を $x$ で積分すると,

$$\int \frac{2y}{1+y^2} \, dy = \int \frac{1}{1+x^2} \, dx + C$$

より, 一般解は

$$\log(1+y^2) = \tan^{-1} x + C \quad (C \text{ は任意定数})$$

である. ここで, 初期条件 $y(-1) = 1$ より, $x = -1$, $y = 1$ を代入すると, $\log 2 = -\dfrac{\pi}{4} + C$ より $C = \log 2 + \dfrac{\pi}{4}$ となる. よって特殊解は

$$\log(1+y^2) = \tan^{-1} x + \log 2 + \frac{\pi}{4}$$

となるが，この解を変形したとき，

$$y = \pm\sqrt{e^{\tan^{-1} x + \log 2 + \frac{\pi}{4}} - 1} = \pm\sqrt{2e^{\tan^{-1} x + \frac{\pi}{4}} - 1}$$

が得られる．しかしながら初期条件から，$y > 0$ なので，$y = \sqrt{2e^{\tan^{-1} x + \frac{\pi}{4}} - 1}$ となる．

**3.2** 与式の両辺を $x \sin \dfrac{y}{x}$ で割ると，

$$\frac{dy}{dx} = \frac{\cos \dfrac{y}{x}}{\sin \dfrac{y}{x}} + \frac{y}{x}$$

となるので，同次形の微分方程式である．$y = xz$ とおいて，両辺を $x$ で微分して与式に代入すれば，

$$\frac{dz}{dx} = \left(\frac{1}{x}\right)\left(\frac{\cos z}{\sin z}\right)$$

となり，変数分離形の微分方程式が得られる．従って，両辺を $\dfrac{\cos z}{\sin z}$ で割り $x$ で積分すると，$c$ を任意定数として

$$\int \tan z \, dz = \int \frac{1}{x} \, dx + c$$

より，

$$-\log(\cos z) = \log x + c \quad (c \text{ は任意定数})$$

を得る．$z = \dfrac{y}{x}$ として整理すれば，

$$x \cos \frac{y}{x} = C \quad (C \text{ は任意定数})$$

が一般解である．ただし，$C = e^{-c}$ である．

**3.3** （積分因子を求める方法） 非同次方程式 $y' - \dfrac{1}{x}y = x \log x$ の両辺に積分因子 $\mu(x)$ をかけ，左辺を $(\mu(x)y)'$ と比較すれば，$\mu(x)$ に関する変数分離形の微分方程式

$$\mu'(x) = -\frac{1}{x}\mu(x)$$

が得られる．これから，任意定数を $c$ として

$$\mu(x) = c\frac{1}{x}$$

となるが，$c = 1$ として積分因子 $\mu(x) = \dfrac{1}{x}$ とする．これをもとの微分方程式の両辺にかけた式は，

$$\left(\frac{1}{x}y\right)' = \log x$$

となり，両辺を $x$ で積分すれば，

$$\frac{1}{x}y = x\log x - x + C \quad (C\,\text{は任意定数})$$

より，非同次方程式の一般解は

$$y = Cx + x^2(\log x - 1) \quad (C\,\text{は任意定数})$$

となる．

（定数変化法を利用する方法）　同次方程式 $y' - \dfrac{1}{x}y = 0$ は，変数分離形の微分方程式

$$y' = \frac{1}{x}y$$

であるので，積分すると，

$$y = cx \quad (c\,\text{は任意定数})$$

が得られる．定数変化法を利用する．$c = z(x)$ とおいて，$y = zx$ と $y' = z'x + z$ をもとの微分方程式に代入すると，

$$z' = \log x$$

となり，両辺を $x$ で積分すれば，

$$z = x\log x - x + C \quad (C\,\text{は任意定数})$$

が求まる．従って，非同次方程式の一般解は

$$y = Cx + x^2(\log x - 1) \quad (C\,\text{は任意定数})$$

となる．

**3.4** $P(x,y) = 2e^{2x}y^2 + 3x^2y$, $Q(x,y) = 2e^{2x}y + x^3$ とおいて，完全微分形であるかどうかを確認する．

$$\frac{\partial P(x,y)}{\partial y} = 4e^{2x}y + 3x^2, \quad \frac{\partial Q(x,y)}{\partial x} = 4e^{2x}y + 3x^2$$

より完全微分形である．従って

$$U(x, y) = \int_{x_0}^{x} (2e^{2\xi} y^2 + 3\xi^2 y) \, d\xi + \int_{y_0}^{y} (2e^{2x_0} \eta + x_0^3) \, d\eta$$

$$= \left[ e^{2\xi} y^2 + \xi^3 y \right]_{x_0}^{x} + \left[ e^{2x_0} \eta^2 + x_0^3 \eta \right]_{y_0}^{y}$$

$$= \{(e^{2x} y^2 + x^3 y) - (e^{2x_0} y^2 + x_0^3 y)\}$$

$$\quad + \{(e^{2x_0} y^2 + x_0^3 y) - (e^{2x_0} y_0^2 + x_0^3 y_0)\}$$

$$= e^{2x} y^2 + x^3 y - e^{2x_0} y_0^2 - x_0^3 y_0 = c \quad (c \text{ は任意定数})$$

が得られる．これから，

$$e^{2x} y^2 + x^3 y = C \quad (C \text{ は任意定数})$$

が求まる．ただし，$C = c + e^{2x_0} y_0^2 + x_0^3 y_0$ とおいた．

**3.5** $P(x, y) = y$, $Q(x, y) = y^2 \cos y - x$ とおいて，完全微分形であるかどうかを確認する．

$$\frac{\partial P(x, y)}{\partial y} = 1, \quad \frac{\partial Q(x, y)}{\partial x} = -1$$

より完全微分形ではない．一方，

$$\left( \frac{\partial Q(x, y)}{\partial x} - \frac{\partial P(x, y)}{\partial y} \right) \left( \frac{1}{P(x, y)} \right) = -\frac{2}{y}$$

より，$y$ のみの関数であるので，積分因子 $\mu(y)$ に関する変数分離形の微分方程式

$$\frac{d\mu(y)}{dy} = \left( -\frac{2}{y} \right) \mu(y)$$

が得られる．これから，

$$\mu(y) = \frac{c}{y^2} \quad (c \text{ は任意定数})$$

が求まるが，$c = 1$ として，$\mu(y) = \dfrac{1}{y^2}$ とする．与式の両辺に $\dfrac{1}{y^2}$ をかけた式は，

$$\frac{1}{y} \, dx + \left( \cos y - \frac{x}{y^2} \right) dy = 0$$

となるが，これは完全微分形であることがわかる．従って

$$U(x, y) = \int_{x_0}^{x} \left( \frac{1}{y} \right) d\xi + \int_{y_0}^{y} \left( \cos \eta - \frac{x_0}{\eta^2} \right) d\eta$$

$$= \left[ \frac{\xi}{y} \right]_{x_0}^{x} + \left[ \sin \eta + \frac{x_0}{\eta} \right]_{y_0}^{y}$$

$$= \left( \frac{x}{y} - \frac{x_0}{y} \right) + \left\{ \left( \sin y + \frac{x_0}{y} \right) - \left( \sin y_0 + \frac{x_0}{y_0} \right) \right\}$$

$$= \frac{x}{y} + \sin y - \sin y_0 - \frac{x_0}{y_0} = c \quad (c \text{ は任意定数})$$

が得られる. これから,

$$\frac{x}{y} + \sin y = C \quad (C \text{ は任意定数})$$

が求まる. ただし, $C = c + \sin y_0 + \dfrac{x_0}{y_0}$ とおいた.

**3.6** 与式の両辺を $x$ で微分して整理すると,

$$p'\left( x - 1 + \frac{p}{\sqrt{1 + p^2}} \right) = 0$$

が得られる.

$$p' = 0$$

の場合, $p = C$ ($C$ は任意定数) で, 与式に代入すれば, 一般解は

$$y = Cx - C + \sqrt{1 + C^2} \quad (C \text{ は任意定数})$$

である. 一方,

$$x - 1 + \frac{p}{\sqrt{1 + p^2}} = 0$$

の場合は, $p$ をパラメータとする表示として, 特異解

$$\begin{cases} x = 1 - \dfrac{p}{\sqrt{1 + p^2}} \\ y = \dfrac{1}{\sqrt{1 + p^2}} \end{cases}$$

が得られる. $p$ を消去すれば,

$$(x - 1)^2 + y^2 = 1$$

となる円の方程式である. ただし, $y > 0$ であることに注意しよう. 一般解の任意定数 $C$ にいくつかの値を代入した特殊解と特異解の解曲線群を次の図に示す. 特異解の解曲線が包絡線になっていることがわかる.

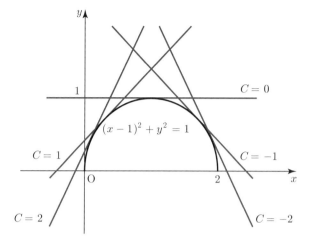

チェック問題 3.6 の微分方程式の特殊解と特異解の解曲線群

## 第4章

**4.1**　特性方程式は

$$\lambda^2 + 7\lambda + 12 = (\lambda + 3)(\lambda + 4) = 0$$

となるので，解は $-3$ と $-4$ である．従って，基本解は $e^{-3x}$ と $e^{-4x}$ であるので，一般解は

$$y = C_1 e^{-3x} + C_2 e^{-4x} \quad (C_1, C_2 \text{ は任意定数})$$

で与えられる．

**4.2**　特性方程式は

$$\lambda^2 - 12\lambda + 36 = (\lambda - 6)^2 = 0$$

となるので，解は $6$（重解）である．従って，基本解は $e^{6x}$ と $xe^{6x}$ であり，一般解は

$$y = (C_1 + C_2 x)e^{6x} \quad (C_1, C_2 \text{ は任意定数})$$

である．

**4.3**　特性方程式は

$$\lambda^2 - 4\lambda + 13 = \{\lambda - (2 + 3i)\}\{\lambda - (2 - 3i)\} = 0$$

となるので，解は $2 \pm 3i$ である．従って，2 つの基本解を $e^{2x}\cos 3x$ と $e^{2x}\sin 3x$ とすると，一般解は

$$y = e^{2x}(C_1 \cos 3x + C_2 \sin 3x) \quad (C_1, C_2 \text{ は任意定数})$$

である.

**4.4** 同次方程式の特性方程式は

$$\lambda^2 - 6\lambda + 9 = (\lambda - 3)^2 = 0$$

となるので, 解は 3 (重解) である. 従って, 2 つの基本解を $y_1 = e^{3x}$ と $y_2 = xe^{3x}$ とすると, ロンスキアンは

$$W[e^{3x}, xe^{3x}] = \begin{vmatrix} e^{3x} & xe^{3x} \\ 3e^{3x} & (1+3x)e^{3x} \end{vmatrix} = e^{6x}$$

であるので, 非同次方程式の一般解は

$$y = (C_1 + C_2 x)e^{3x} - e^{3x} \int \left( \frac{e^{-x}xe^{3x}}{e^{6x}} \right) dx + xe^{3x} \int \left( \frac{e^{-x}e^{3x}}{e^{6x}} \right) dx$$

$$= (C_1 + C_2 x)e^{3x} - e^{3x} \int xe^{-4x}\, dx + xe^{3x} \int e^{-4x}\, dx$$

$$= (C_1 + C_2 x)e^{3x} - e^{3x} \left( -\frac{xe^{-4x}}{4} - \frac{e^{-4x}}{16} \right) + xe^{3x} \left( -\frac{e^{-4x}}{4} \right)$$

$$= (C_1 + C_2 x)e^{3x} + \frac{e^{-x}}{16} \quad (C_1, C_2 \text{ は任意定数})$$

である.

**4.5** 同次方程式の特性方程式は

$$\lambda^2 - 10\lambda + 26 = \{\lambda - (5+i)\}\{\lambda - (5-i)\} = 0$$

となるので, 解は $5 \pm i$ である. 従って余関数は

$$e^{5x}(C_1 \cos x + C_2 \sin x) \quad (C_1, C_2 \text{ は任意定数})$$

である. $P(D) = D^2 - 10D + 26$ とすると, 非同次項 $ke^{\alpha x}$ において $k = 2$, $\alpha = 2$ の場合であるので,

$$P(2) = 2^2 - 10 \times 2 + 26 = 10 \neq 0$$

である. よって, 特殊解 $y_0$ は

$$y_0 = \frac{1}{P(D)}(2e^{2x}) = 2\frac{1}{P(D)}e^{2x} = 2 \times \frac{1}{P(2)}e^{2x} = \frac{e^{2x}}{5}$$

であり, 従って一般解は

$$y = e^{5x}(C_1 \cos x + C_2 \sin x) + \frac{e^{2x}}{5} \quad (C_1, C_2 \text{ は任意定数})$$

である.

**4.6** 同次方程式の特性方程式は
$$\lambda^2 - 2\lambda + 1 = (\lambda - 1)^2 = 0$$
となるので，解は 1（重解）である．従って余関数は
$$(C_1 + C_2 x)e^x \quad (C_1, C_2 \text{ は任意定数})$$
である．$P(D) = D^2 - 2D + 1$ とすると，非同次項 $ke^{\alpha x}$ において $k = 2$, $\alpha = 1$ の場合であるので，1 は特性方程式の多重度 2 の解である $(P(1) = 1^2 - 2 \times 1 + 1 = 0)$．よって，特殊解 $y_0$ は
$$y_0 = \frac{1}{D^2 - 2D + 1}(2e^x) = 2\left\{ \frac{1}{(D-1)^2}e^x \right\}$$
$$= 2\left( \frac{x^2}{2}e^x \right) = x^2 e^x$$
であり，従って一般解は
$$y = (C_1 + C_2 x)e^x + x^2 e^x \quad (C_1, C_2 \text{ は任意定数})$$
である．

**4.7** 同次方程式の特性方程式は
$$\lambda^2 - 4\lambda + 3 = (\lambda - 1)(\lambda - 3) = 0$$
となるので，解は 1 と 3 である．従って余関数は
$$C_1 e^x + C_2 e^{3x} \quad (C_1, C_2 \text{ は任意定数})$$
である．$P(D) = D^2 - 4D + 3$ とすると，非同次項 $k\sin\beta x$ において $k = 10$, $\beta = 1$ の場合であるので，
$$P(i) = (i)^2 - 4 \times (i) + 3 = 2 - 4i \neq 0$$
である．よって，特殊解 $y_0$ は
$$y_0 = \text{Im}\left\{ \frac{1}{P(D)}(10e^{ix}) \right\} = 10 \times \text{Im}\left\{ \frac{1}{P(i)}e^{ix} \right\}$$
$$= 10 \times \text{Im}\left\{ \frac{\cos x + i\sin x}{2 - 4i} \right\}$$
$$= 5 \times \text{Im}\left\{ \frac{(\cos x + i\sin x)(1 + 2i)}{5} \right\}$$
$$= 2\cos x + \sin x$$
であり，従って一般解は
$$y = C_1 e^x + C_2 e^{3x} + 2\cos x + \sin x \quad (C_1, C_2 \text{ は任意定数})$$
である．

**4.8** 同次方程式の特性方程式は
$$\lambda^2 + 4 = (\lambda - 2i)(\lambda + 2i) = 0$$

となるので, 解は $\pm 2i$ である. 従って余関数は

$$C_1 \cos 2x + C_2 \sin 2x \quad (C_1, C_2 \text{ は任意定数})$$

である. $P(D) = D^2 + 4$ とすると, 非同次項 $k \sin \beta x$ において $k = 1$, $\beta = 2$ の場合であるので, $2i$ は特性方程式の多重度 $1$ の解である $(P(2i) = (2i)^2 + 4 = 0)$. よって, 特殊解 $y_0$ は

$$
\begin{aligned}
y_0 &= \text{Re}\left\{ \frac{1}{P(D)}(e^{2ix}) \right\} = \text{Re}\left\{ \frac{1}{D^2 + 4} e^{2ix} \right\} \\
&= \text{Re}\left\{ \frac{1}{D - 2i}\left( \frac{1}{D + 2i} e^{2ix} \right) \right\} \\
&= \text{Re}\left[ \frac{1}{D - 2i}\left\{ \frac{1}{(2i + 2i)} e^{2ix} \right\} \right] \\
&= \text{Re}\left( \frac{xe^{2ix}}{4i} \right) = \text{Re}\left( \frac{x \cos 2x + ix \sin 2x}{4i} \right) \\
&= \frac{x \sin 2x}{4}
\end{aligned}
$$

であり, 従って一般解は

$$y = C_1 \cos 2x + C_2 \sin 2x + \frac{x \sin 2x}{4} \quad (C_1, C_2 \text{ は任意定数})$$

である.

**4.9** 同次方程式の特性方程式は

$$\lambda^2 - 4 = (\lambda + 2)(\lambda - 2) = 0$$

となるので, 解は $\pm 2$ である. 従って余関数は

$$C_1 e^{-2x} + C_2 e^{2x} \quad (C_1, C_2 \text{ は任意定数})$$

である. $P(D) = D^2 - 4$ とすると, 非同次項 $ke^{\alpha x} \sin \beta x$ において $k = 5, \alpha = 1, \beta = 3$ の場合であるので,

$$P(1 + 3i) = (1 + 3i)^2 - 4 = -12 + 6i \neq 0$$

である. よって, 特殊解 $y_0$ は

$$
\begin{aligned}
y_0 &= \text{Im}\left[ \frac{1}{P(D)}\left\{ 5e^{(1+3i)x} \right\} \right] = 5 \times \text{Im}\left\{ \frac{1}{P(1 + 3i)} e^{(1+3i)x} \right\} \\
&= 5 \times \text{Im}\left\{ \frac{e^x(\cos 3x + i \sin 3x)}{-12 + 6i} \right\} \\
&= \frac{5}{6} \times \text{Im}\left\{ \frac{e^x(\cos 3x + i \sin 3x)(-2 - i)}{5} \right\} \\
&= -\frac{e^x(\cos 3x + 2 \sin 3x)}{6}
\end{aligned}
$$

であり，従って一般解は

$$y = C_1 e^{-2x} + C_2 e^{2x} - \frac{e^x (\cos 3x + 2\sin 3x)}{6} \quad (C_1,\, C_2 \text{ は任意定数})$$

である.

**4.10** 同次方程式の特性方程式は

$$\lambda^2 + 4\lambda + 5 = \{\lambda - (-2+i)\}\{\lambda - (-2-i)\} = 0$$

となるので，解は $-2 \pm i$ である．従って余関数は

$$e^{-2x}(C_1 \cos x + C_2 \sin x) \quad (C_1,\, C_2 \text{ は任意定数})$$

である．$P(D) = D^2 + 4D + 5$ とすると，非同次項 $ke^{\alpha x}\cos\beta x$ において $k = 4$, $\alpha = -2$, $\beta = 1$ の場合であるので，$-2+i$ は特性方程式の多重度 1 の解である $(P(-2+i) = (-2+i)^2 + 4 \times (-2+i) + 5 = 0)$．よって，特殊解 $y_0$ は

$$
\begin{aligned}
y_0 &= \mathrm{Re}\left[\frac{1}{P(D)}\left\{4e^{(-2+i)x}\right\}\right] \\
&= 4 \times \mathrm{Re}\left[\frac{1}{D-(-2+i)}\left\{\frac{1}{D-(-2-i)}e^{(-2+i)x}\right\}\right] \\
&= 4 \times \mathrm{Re}\left[\frac{1}{D-(-2+i)}\left\{\frac{1}{(-2+i+2+i)}e^{(-2+i)x}\right\}\right] \\
&= 2 \times \mathrm{Re}\left\{\frac{xe^{(-2+i)x}}{i}\right\} = 2 \times \mathrm{Re}\left\{\frac{xe^{-2x}(\cos x + i\sin x)}{i}\right\} \\
&= 2xe^{-2x}\sin x
\end{aligned}
$$

であり，従って一般解は

$$y = e^{-2x}(C_1 \cos x + C_2 \sin x) + 2xe^{-2x}\sin x \quad (C_1,\, C_2 \text{ は任意定数})$$

である.

**4.11** 同次方程式の特性方程式は

$$\lambda^2 + 4\lambda + 3 = (\lambda+1)(\lambda+3) = 0$$

となるので，解は $-1$ と $-3$ である（$\lambda \neq 0$）．従って余関数は

$$C_1 e^{-x} + C_2 e^{-3x} \quad (C_1,\, C_2 \text{ は任意定数})$$

である．特殊解 $y_0$ は

$$
\begin{aligned}
y_0 &= \frac{1}{D^2 + 4D + 3}(-3x-1) = \left\{\frac{1}{(D+1)(D+3)}(-3x-1)\right\} \\
&= \frac{1}{2}\left(\frac{1}{D+1} - \frac{1}{D+3}\right)(-3x-1) \\
&= \frac{1}{2}\left\{\frac{1}{D+1}(-3x-1) - \frac{1}{D+3}(-3x-1)\right\}
\end{aligned}
$$

$$= \frac{1}{2}(1 - D)(-3x - 1) - \frac{1}{6}\left(1 - \frac{D}{3}\right)(-3x - 1)$$

$$= \left(-\frac{3x}{2} + 1\right) - \left(-\frac{x}{2}\right) = -x + 1$$

であり，従って一般解は

$$y = C_1 e^{-x} + C_2 e^{-3x} - x + 1 \quad (C_1, C_2 \text{ は任意定数})$$

である．

**4.12** 同次方程式の特性方程式は

$$\lambda^2 - \lambda - 2 = (\lambda - 2)(\lambda + 1) = 0$$

となるので，解は $2$ と $-1$ である．従って余関数は

$$C_1 e^{2x} + C_2 e^{-x} \quad (C_1, C_2 \text{ は任意定数})$$

である．$P(D) = D^2 - D - 2$ とすると，非同次項 $r(x)e^{\alpha x}$ において $r(x) = 4(x + 1)$, $\alpha = 1$ の場合であるので，特殊解 $y_0$ は

$$y_0 = \frac{1}{P(D)}\{4(x + 1)e^x\}$$

$$= \frac{1}{3} \times \left(\frac{1}{D - 2} - \frac{1}{D + 1}\right)\{4(x + 1)e^x\}$$

$$= \frac{4e^x}{3} \times \left\{\frac{1}{D + 1 - 2}(x + 1) - \frac{1}{D + 1 + 1}(x + 1)\right\}$$

$$= \frac{4e^x}{3} \times \left\{\frac{1}{D - 1}(x + 1) - \frac{1}{D + 2}(x + 1)\right\}$$

$$= \frac{4e^x}{3} \times \left\{-(1 + D)(x + 1) - \frac{1}{2}\left(1 - \frac{D}{2}\right)(x + 1)\right\}$$

$$= \frac{4e^x}{3} \times \left\{-(x + 2) - \frac{1}{2}\left(x + \frac{1}{2}\right)\right\} = e^x(-2x - 3)$$

であり，従って一般解は

$$y = C_1 e^{2x} + C_2 e^{-x} + e^x(-2x - 3) \quad (C_1, C_2 \text{ は任意定数})$$

である．

**4.13** 同次方程式の特性方程式は

$$\lambda^2 - \frac{1}{4} = \left(\lambda + \frac{1}{2}\right)\left(\lambda - \frac{1}{2}\right) = 0$$

となるので，解は $\pm\dfrac{1}{2}$ である．従って余関数は

$$C_1 e^{-\frac{1}{2}x} + C_2 e^{\frac{1}{2}x} \quad (C_1, C_2 \text{ は任意定数})$$

である．非同次項 $q(x)$ が 2 つの関数 $q_1(x) = 3e^x$ と $q_2(x) = 6e^{-x}$ の和で与えられているので，それぞれについて特殊解を求める．$P(D) = D^2 - \dfrac{1}{4}$ とすると，$q_1(x) = k_1 e^{\alpha_1 x}$ において $k_1 = 3$，$\alpha_1 = 1$ の場合であるので，

$$P(1) = 1^2 - \frac{1}{4} = \frac{3}{4} \neq 0$$

である．また $q_2(x) = k_2 e^{\alpha_2 x}$ において $k_2 = 6$，$\alpha_2 = -1$ の場合であるので，

$$P(-1) = (-1)^2 - \frac{1}{4} = \frac{3}{4} \neq 0$$

である．以上から，$q_1(x) = 3e^x$ に対する特殊解を $y_{01} = A_1 e^x$ とおくと，

$$y_{01}' = A_1 e^x, \quad y_{01}'' = A_1 e^x$$

である．$y_{01}, y_{01}''$ を与式に代入して非同次項と比較すると，

$$A_1 e^x - \frac{1}{4} \times A_1 e^x = \frac{3}{4} A_1 e^x = 3e^x$$

から，$\dfrac{3A_1}{4} = 3$ を解くと $A_1 = 4$ であるので，特殊解は $y_{01} = 4e^x$ である．

$q_2(x) = 6e^{-x}$ に対する特殊解を $y_{02} = A_2 e^{-x}$ とおくと，

$$y_{02}' = -A_2 e^{-x}, \quad y_{02}'' = A_2 e^{-x}$$

である．$y_{02}, y_{02}''$ を与式に代入して非同次項と比較すると，

$$A_2 e^{-x} - \frac{1}{4} \times A_2 e^{-x} = \frac{3}{4} A_2 e^{-x} = 6e^{-x}$$

から，$\dfrac{3A_2}{4} = 6$ を解くと $A_2 = 8$ であるので，特殊解は $y_{02} = 8e^{-x}$ である．

以上から特殊解はそれぞれについて得られた $y_{01}$ と $y_{02}$ の和となるので，従って，一般解は

$$y = C_1 e^{-\frac{1}{2}x} + C_2 e^{\frac{1}{2}x} + 4e^x + 8e^{-x} \quad (C_1, C_2 \text{ は任意定数})$$

である．

**4.14** 同次方程式の特性方程式は

$$\lambda^2 - 4\lambda + 4 = (\lambda - 2)^2 = 0$$

となるので，解は 2（重解）である．従って余関数は

$$e^{2x}(C_1 + C_2 x) \quad (C_1, C_2 \text{ は任意定数})$$

である．$P(D) = D^2 - 4D + 4$ とすると，非同次項 $ke^{\alpha x}$ において $k = 2$，$\alpha = 2$ の場合であるので，2 は多重度 $m = 2$ の特性方程式の解である（$P(2) = (2)^2 - 4 \times 2 + 4 = 0$）．特殊解を $y_0 = Ax^2 e^{2x}$ とおくと，

$$y_0' = 2Axe^{2x} + 2Ax^2e^{2x}, \quad y_0'' = 2Ae^{2x} + 8Axe^{2x} + 4Ax^2e^{2x}$$

より, $y_0, y_0', y_0''$ を与式に代入して非同次項と比較すると,

$$2Ae^{2x} + 8Axe^{2x} + 4Ax^2e^{2x} - 4 \times (2Axe^{2x} + 2Ax^2e^{2x}) + 4 \times Ax^2e^{2x}$$
$$= 2Ae^{2x} = 2e^{2x}$$

から[1], $2A = 2$ を解くと $A = 1$ であるので, 特殊解は $y_0 = x^2e^{2x}$ である. 従って一般解は

$$y = e^{2x}(C_1 + C_2x) + x^2e^{2x} \quad (C_1, C_2 \text{ は任意定数})$$

である.

**4.15** 同次方程式の特性方程式は

$$\lambda^2 + 4\lambda + 2 = \{\lambda - (-2 + \sqrt{2})\}\{\lambda - (-2 - \sqrt{2})\} = 0$$

となるので, 解は $-2 \pm \sqrt{2}$ である. 従って余関数は

$$C_1 e^{(-2+\sqrt{2})x} + C_2 e^{(-2-\sqrt{2})x} \quad (C_1, C_2 \text{ は任意定数})$$

である. $P(D) = D^2 + 4D + 2$ とすると, 非同次項 $k \cos \beta x$ において $k = 17$, $\beta = 1$ の場合であるので,

$$P(i) = (i)^2 + 4 \times (i) + 2 = 1 + 4i \neq 0$$

より, 特殊解を $y_0 = A \cos x + B \sin x$ とおくと,

$$y_0' = -A \sin x + B \cos x, \quad y_0'' = -A \cos x - B \sin x$$

より, $y_0, y_0', y_0''$ を与式に代入して非同次項と比較すると,

$$-A \cos x - B \sin x + 4 \times (-A \sin x + B \cos x) + 2 \times (A \cos x + B \sin x)$$
$$= (A + 4B) \cos x + (-4A + B) \sin x = 17 \cos x$$

から, 連立1次方程式

$$\begin{cases} A + 4B = 17 \\ -4A + B = 0 \end{cases}$$

を解くと $A = 1$, $B = 4$ であるので, 特殊解は $y_0 = \cos x + 4 \sin x$ である. 従って一般解は

$$y = C_1 e^{(-2+\sqrt{2})x} + C_2 e^{(-2-\sqrt{2})x} + \cos x + 4 \sin x \quad (C_1, C_2 \text{ は任意定数})$$

である.

**4.16** 同次方程式の特性方程式は

$$\lambda^2 + 1 = (\lambda + i)(\lambda - i) = 0$$

---

[1] $xe^{2x}$ および $x^2e^{2x}$ の項が消えていることに注意しよう.

となるので，解は $\pm i$ である．従って余関数は

$$C_1 \cos x + C_2 \sin x \quad (C_1, C_2 \text{ は任意定数})$$

である．$P(D) = D^2 + 1$ とすると，非同次項 $k \cos \beta x$ において $k = 2$, $\beta = 1$ の場合であるので，$i$ は特性方程式の多重度 1 の解である（$P(i) = (i)^2 + 1 = 0$）．特殊解を $y_0 = x(A \cos x + B \sin x)$ とおくと，

$$y_0' = A \cos x + B \sin x - Ax \sin x + Bx \cos x,$$
$$y_0'' = -2A \sin x + 2B \cos x - Ax \cos x - Bx \sin x$$

より，$y_0$, $y_0''$ を与式に代入して非同次項と比較すると，

$$-2A \sin x + 2B \cos 2x - Ax \cos x - Bx \sin x + Ax \cos x + Bx \sin x$$
$$= 2B \cos x - 2A \sin x = 2 \cos x$$

から，連立 1 次方程式

$$\begin{cases} 2B = 2 \\ -2A = 0 \end{cases}$$

を解くと $A = 0$, $B = 1$ であるので，特殊解は $y_0 = x \sin x$ である．従って一般解は

$$y = C_1 \cos x + C_2 \sin x + x \sin x \quad (C_1, C_2 \text{ は任意定数})$$

である．

**4.17** 同次方程式の特性方程式は

$$\lambda^2 + 2\lambda + 2 = \{\lambda - (-1 + i)\}\{\lambda - (-1 - i)\} = 0$$

となるので，解は $-1 \pm i$ である．従って余関数は

$$e^{-x}(C_1 \cos x + C_2 \sin x) \quad (C_1, C_2 \text{ は任意定数})$$

である．$P(D) = D^2 + 2D + 2$ とすると，非同次項 $ke^{\alpha x} \sin \beta x$ において，$k = 8$, $\alpha = 1$, $\beta = 1$ の場合であるので，

$$P(1 + i) = (1 + i)^2 + 2 \times (1 + i) + 2 = 4 + 4i \neq 0$$

より，特殊解を $y_0 = e^x(A \cos x + B \sin x)$ とおくと，

$$y_0' = e^x\{(A + B) \cos x + (-A + B) \sin x\},$$
$$y_0'' = e^x(2B \cos x - 2A \sin x)$$

より，$y_0$, $y_0'$, $y_0''$ を与式に代入して非同次項と比較すると，

$$e^x(2B \cos x - 2A \sin x) + 2 \times e^x\{(A + B) \cos x + (-A + B) \sin x\}$$
$$+ 2 \times e^x(A \cos x + B \sin x)$$
$$= e^x\{(4A + 4B) \cos x + (-4A + 4B) \sin x\} = 8e^x \sin x$$

から，連立 1 次方程式

$$\begin{cases} 4A + 4B = 0 \\ -4A + 4B = 8 \end{cases}$$

を解くと $A = -1$, $B = 1$ であるので，特殊解は $y_0 = e^x(-\cos x + \sin x)$ である．従って一般解は

$$y = e^{-x}(C_1 \cos x + C_2 \sin x) + e^x(-\cos x + \sin x) \quad (C_1, C_2 \text{ は任意定数})$$

である．

**4.18** 同次方程式の特性方程式は

$$\lambda^2 - 4\lambda + 8 = \{\lambda - (2 + 2i)\}\{\lambda - (2 - 2i)\} = 0$$

となるので，解は $2 \pm 2i$ である．従って余関数は

$$e^{2x}(C_1 \cos 2x + C_2 \sin 2x) \quad (C_1, C_2 \text{ は任意定数})$$

である．$P(D) = D^2 - 4D + 8$ とすると，非同次項 $ke^{\alpha x}\cos\beta x$ において $k = 4$, $\alpha = 2$, $\beta = 2$ の場合であるので，$2 + 2i$ は特性方程式の多重度 1 の解である ($P(2 + 2i) = (2 + 2i)^2 - 4(2 + 2i) + 8 = 0$)．特殊解を

$$y_0 = xe^{2x}(A \cos 2x + B \sin 2x)$$

とおくと，

$$y_0' = e^{2x}(A \cos 2x + B \sin 2x)$$
$$+ xe^{2x}\{(2A + 2B)\cos 2x + (-2A + 2B)\sin 2x\},$$
$$y_0'' = e^{2x}\{(4A + 4B)\cos 2x + (-4A + 4B)\sin 2x\}$$
$$+ xe^{2x}(8B \cos 2x - 8A \sin 2x)$$

より，$y_0$, $y_0'$, $y_0''$ を与式に代入して非同次項と比較すると，

$$e^{2x}\{(4A + 4B)\cos 2x + (-4A + 4B)\sin 2x\} + xe^{2x}(8B \cos 2x - 8A \sin 2x)$$
$$- 4[e^{2x}(A \cos 2x + B \sin 2x)$$
$$+ xe^{2x}\{(2A + 2B)\cos 2x + (-2A + 2B)\sin 2x\}]$$
$$+ 8xe^{2x}(A \cos 2x + B \sin 2x)$$
$$= 4Be^{2x}\cos 2x - 4Ae^{2x}\sin 2x = 4e^{2x}\cos 2x$$

から，連立 1 次方程式

$$\begin{cases} 4B = 4 \\ -4A = 0 \end{cases}$$

を解くと $A = 0$, $B = 1$ であるので，特殊解は $y_0 = xe^{2x}\sin 2x$ である．従って一般解は

$$y = e^{2x}(C_1 \cos 2x + C_2 \sin 2x) + xe^{2x}\sin 2x \quad (C_1, C_2 \text{ は任意定数})$$

である.

**4.19**　同次方程式の特性方程式は

$$\lambda^2 - 2\lambda = \lambda(\lambda - 2) = 0$$

となるので, 解は $0, 2$ である. 従って余関数は

$$C_1 + C_2 e^{2x} \quad (C_1, C_2 \text{ は任意定数})$$

である. $P(D) = D^2 - 2D$ とすると, 非同次項は 2 次の多項式 $(l = 2)$ であり, ま
た $0$ は特性方程式の多重度 1 の解である $(P(0) = 0^2 - 2 \times 0 = 0)$. よって特殊解を

$$y_0 = x^1 \sum_{j=0}^{2} A_j x^j = A_2 x^3 + A_1 x^2 + A_0 x \text{ とおくと,}$$

$$y_0' = 3A_2 x^2 + 2A_1 x + A_0, \quad y_0'' = 6A_2 x + 2A_1$$

より, $y_0, y_0', y_0''$ を与式に代入して非同次項と比較すると,

$$6A_2 x + 2A_1 - 2(3A_2 x^2 + 2A_1 x + A_0)$$
$$= -6A_2 x^2 + (-4A_1 + 6A_2)x + (-2A_0 + 2A_1) = 6x^2 + 2x - 4$$

から, 連立 1 次方程式

$$\begin{cases} -6A_2 = 6 \\ -4A_1 + 6A_2 = 2 \\ -2A_0 + 2A_1 = -4 \end{cases}$$

を解くと $A_0 = 0, A_1 = -2, A_2 = -1$ であるので, 特殊解は $y_0 = -x^3 - 2x^2$ であ
る. 従って一般解は

$$y = C_1 + C_2 e^{2x} - x^3 - 2x^2 \quad (C_1, C_2 \text{ は任意定数})$$

である.

**4.20**　同次方程式の特性方程式は

$$\lambda^2 - 1 = (\lambda + 1)(\lambda - 1) = 0$$

となるので, 解は $\pm 1$ である. 従って余関数は

$$C_1 e^{-x} + C_2 e^x \quad (C_1, C_2 \text{ は任意定数})$$

である. $P(D) = D^2 - 1$ とすると, 非同次項 $q(x) = r(x)e^{\alpha x} \sin \beta x$ において $r(x)$
は 1 次の多項式 $(l = 1)$ であり, $\alpha = 0, \beta = 1$ の場合であるから, $i$ は

$$P(i) = i^2 - 1 = -2 \neq 0$$

より特性方程式の解ではない. よって特殊解を

$$y_0 = \cos x \sum_{j=0}^{1} A_j x^j + \sin x \sum_{j=0}^{1} B_j x^j$$
$$= \cos x (A_1 x + A_0) + \sin x (B_1 x + B_0)$$

とおくと，

$$y_0' = \cos x \{B_1 x + (A_1 + B_0)\} + \sin x \{-A_1 x + (-A_0 + B_1)\},$$
$$y_0'' = \cos x \{-A_1 x + (-A_0 + 2B_1)\} + \sin x \{-B_1 x + (-2A_1 - B_0)\}$$

より，$y_0$, $y_0''$ を与式に代入して非同次項と比較すると，

$$\cos x \{-A_1 x + (-A_0 + 2B_1)\} + \sin x \{-B_1 x + (-2A_1 - B_0)\}$$
$$- \{\cos x (A_1 x + A_0) + \sin x (B_1 x + B_0)\}$$
$$= \cos x \{-2A_1 x + (-2A_0 + 2B_1)\} + \sin x \{-2B_1 x + (-2A_1 - 2B_0)\}$$
$$= 2x \sin x$$

から，連立 1 次方程式

$$\begin{cases} -2A_1 = 0 \\ -2A_0 + 2B_1 = 0 \\ -2B_1 = 2 \\ -2A_1 - 2B_0 = 0 \end{cases}$$

を解くと $A_0 = -1$, $A_1 = 0$, $B_0 = 0$, $B_1 = -1$ であるので，特殊解は

$$y_0 = -\cos x - x \sin x$$

である．従って一般解は

$$y = C_1 e^{-x} + C_2 e^x - \cos x - x \sin x \quad (C_1,\ C_2 \text{ は任意定数})$$

である．

## ■ 第 5 章 ■

**5.1** 特性方程式は

$$\lambda^4 - 7\lambda^3 + 24\lambda^2 - 18\lambda = \lambda(\lambda - 1)(\lambda^2 - 6\lambda + 18)$$
$$= \lambda(\lambda - 1)\{\lambda - (3 + 3i)\}\{\lambda - (3 - 3i)\} = 0$$

となるので，解は 0, 1 および $3 \pm 3i$ である．従って，基本解は 1, $e^x$, $e^{3x} \cos 3x$, $e^{3x} \sin 3x$ であるので，一般解は

$$y = C_1 + C_2 e^x + e^{3x}(C_3 \cos 3x + C_4 \sin 3x) \quad (C_1,\ C_2,\ C_3,\ C_4 \text{ は任意定数})$$

である．

**5.2**　特性方程式は
$$\lambda^4 + 2\lambda^2 + 1 = (\lambda^2 + 1)^2 = (\lambda + i)^2(\lambda - i)^2 = 0$$
となるので，解は $\pm i$（それぞれ多重度 2）である．従って，基本解は $\cos x$, $x\cos x$, $\sin x$, $x\sin x$ であり，一般解は
$$y = (C_1 + C_2 x)\cos x + (C_3 + C_4 x)\sin x \quad (C_1, C_2, C_3, C_4 \text{ は任意定数})$$
である．

**5.3**　特性方程式は
$$\lambda^3 - 2\lambda^2 + 4\lambda - 8 = (\lambda - 2)(\lambda^2 + 4) = (\lambda - 2)(\lambda + 2i)(\lambda - 2i) = 0$$
となるので，解は $2$, $\pm 2i$ である．従って，基本解は $e^{2x}$, $\cos 2x$, $\sin 2x$ であるので，余関数は
$$y = C_1 e^{2x} + C_2 \cos 2x + C_3 \sin 2x \quad (C_1, C_2, C_3 \text{ は任意定数})$$
である．
$$P(D) = D^3 - 2D^2 + 4D - 8$$
とすると，非同次項 $k\sin\beta x$ において $k = 16$, $\beta = 2$ の場合であるので，$2i$ は特性方程式の多重度 1 の解である（$P(2i) = (2i)^3 - 2\times(2i)^2 + 4\times 2i - 8 = 0$）．よって，特殊解 $y_0$ は，(4.41) 式～(4.43) 式を利用すると，
$$y_0 = \mathrm{Im}\left\{\frac{1}{P(D)}(16 e^{2ix})\right\}$$
$$= 16 \times \mathrm{Im}\left[\left\{\frac{1}{8} \times \frac{1}{D-2}e^{2ix} + \frac{1}{8}\frac{1}{D^2+4}(-D-2)e^{2ix}\right\}\right]$$
$$= 2 \times \mathrm{Im}\left\{\frac{1}{-2+2i}e^{2ix} + (-2i-2)\frac{1}{4i}xe^{2ix}\right\}$$
$$= -\frac{\cos 2x + \sin 2x}{2} + x\cos 2x - x\sin 2x$$
従って，一般解は
$$y = C_1 e^{2x} + C_4 \cos 2x + C_5 \sin 2x + x\cos 2x - x\sin 2x$$
$$(C_1, C_4, C_5 \text{ は任意定数})$$
である．ただし，$C_4 - C_2$ $\dfrac{1}{2}$, $C_5 = C_3 - \dfrac{1}{2}$ とした．

**5.4**　特性方程式は
$$\lambda^4 + \lambda^3 + 4\lambda^2 + 4\lambda = \lambda(\lambda + 1)(\lambda^2 + 4) = 0$$
となるので，解は $0$, $-1$, $\pm 2i$ である．従って，基本解は $1$, $e^{-x}$, $\cos 2x$, $\sin 2x$ であるので，余関数は
$$y = C_1 + C_2 e^{-x} + C_3 \cos 2x + C_4 \sin 2x \quad (C_1, C_2, C_3, C_4 \text{ は任意定数})$$

である.

$P(D) = D^4 + D^3 + 4D^2 + 4D$ とすると,非同次項 $q(x) = k\cos\beta x$ において $k = 6,\ \beta = 1$ の場合であるから,

$$P(i) = i^4 + i^3 + 4 \times i^2 + 4i = -3 + 3i \neq 0$$

となる.よって,第 4 章の未定係数法の分類 (II-i) の場合に従って特殊解を $y_0 = A\cos x + B\sin x$ とおくと,

$$y_0' = B\cos x - A\sin x, \quad y_0'' = -A\cos x - B\sin x,$$
$$y_0''' = -B\cos x + A\sin x, \quad y_0^{(4)} = A\cos x + B\sin x$$

より,$y_0', y_0'', y_0''', y_0^{(4)}$ を与式に代入して非同次項と比較すると,

$$A\cos x + B\sin x + (-B\cos x + A\sin x) + 4(-A\cos x - B\sin x)$$
$$+ 4(B\cos x - A\sin x)$$
$$= (-3A + 3B)\cos x + (-3A - 3B)\sin x = 6\cos x$$

から,連立 1 次方程式

$$\begin{cases} -3A + 3B = 6 \\ -3A - 3B = 0 \end{cases}$$

を解くと $A = -1,\ B = 1$ であるので,特殊解は $y_0 = -\cos x + \sin x$ である.従って一般解は

$$y = C_1 + C_2 e^{-x} + C_3\cos 2x + C_4\sin 2x - \cos x + \sin x$$
$$(C_1,\ C_2,\ C_3,\ C_4 \text{ は任意定数})$$

である.

**5.5** $y_1 = e^x$ について,$y_1' = e^x, y_1'' = e^x$ を与式に代入すると,

$$e^x - \left(2 + \frac{1}{x}\right)e^x + \left(1 + \frac{1}{x}\right)e^x = 0$$

より同次方程式の特殊解である.$y = ze^x$ とおくと,

$$y' = z'e^x + ze^x, \quad y'' = z''e^x + 2z'e^x + ze^x$$

である.$y, y', y''$ を非同次方程式に代入すると,

$$z''e^x + 2z'e^x + ze^x - \left(2 + \frac{1}{x}\right)(z'e^x + ze^x) + \left(1 + \frac{1}{x}\right)ze^x = x$$

より,$u = z'$ とおくと,1 階非同次線形微分方程式

$$u' - \frac{1}{x}u = xe^{-x}$$

が得られる.積分因子を $\mu$ とすれば,

$$\mu' = -\frac{1}{x}\mu$$

となるので，変数分離形である．これから $\mu$ は

$$\mu = c\frac{1}{x} \quad (c \text{ は任意定数})$$

である．$c = 1$ とすると，

$$u = x\int e^{-x}\,dx + C_1 x$$

$$= -xe^{-x} + C_1 x \quad (C_1 \text{ は任意定数})$$

である．よって，この式の両辺を積分して，

$$z = (x+1)e^{-x} + C_1\frac{x^2}{2} + C_2 \quad (C_2 \text{ は任意定数})$$

が得られる．従って一般解は

$$y = x + 1 + C_3 x^2 e^x + C_2 e^x \quad (C_2, C_3 \text{ は任意定数})$$

ただし，$C_3 = \dfrac{C_1}{2}$ とした．

**5.6** 与式を変形すると，

$$y'' + \frac{3}{x}y' + \frac{1}{x^6}y = \frac{1}{x^6}$$

となるが，標準形となるように $t = \varphi(x)$ と変数変換する．(5.23) 式により，

$$\varphi(x) = \int \exp\left[-\int\left(\frac{3}{x}\right)dx\right]dx = -\frac{1}{2x^2}$$

のとき，標準形

$$\frac{d^2y}{dt^2} + y = 1$$

が得られる．この方程式の同次方程式の特性方程式の解は

$$P(\lambda) = \lambda^2 + 1 = (\lambda + i)(\lambda - i) = 0$$

より $\pm i$ であるので，基本解は $\cos t, \sin t$ である．非同次項 $\tilde{q}(t)$ は定数関数の場合であり，$P(D) = D^2 + 1$ とおくと，

$$P(0) = 0^2 + 1 = 1 \neq 0$$

である．よって，第 4 章の未定係数法の分類 (IV) の場合に従って特殊解を $y_0 = A_0$ とおくと，

$$\frac{dy_0}{dt} = 0, \quad \frac{d^2y_0}{dt^2} = 0$$

より，$y_0$，$\dfrac{d^2 y_0}{dt^2}$ を標準形の式に代入して非同次項と比較すると，$0 + A_0 = 1$ から $A_0 = 1$ であるので，特殊解は $y_0 = 1$ である．従って一般解は

$$y = C_1 \cos t + C_2 \sin t + 1 \quad (C_1, C_2 \text{ は任意定数})$$

であるので，$t = -\dfrac{1}{2x^2}$ として，

$$y = C_1 \cos\left(\frac{1}{2x^2}\right) + C_3 \sin\left(\frac{1}{2x^2}\right) + 1 \quad (C_1, C_3 \text{ は任意定数})$$

となる．ただし，$C_3 = -C_2$ とした．

**5.7** $x = e^t$，$t = \log x$ と変数変換する．

$$xy' = \frac{dy}{dt}, \quad x^2 y'' = \frac{d^2 y}{dt^2} - \frac{dy}{dt}$$

を与式に代入すると，定数係数の非同次線形微分方程式

$$\frac{d^2 y}{dt^2} + 6\frac{dy}{dt} + 9y = 2e^{-3t}$$

が得られる．この方程式の同次方程式の特性方程式の解は

$$P(\lambda) = \lambda^2 + 6\lambda + 9 = (\lambda + 3)^2 = 0$$

より $-3$（重解）であるので，基本解は $e^{-3t}$，$te^{-3t}$ である．非同次項 $ke^{\alpha t}$ において $k = 2$，$\alpha = -3$ の場合であり，$P(D) = D^2 + 6D + 9$ とおくと，$-3$ は特性方程式の多重度 2 の解である（$P(-3) = (-3)^2 + 6 \times (-3) + 9 = 0$）．よって，特殊解 $y_0$ は

$$y_0 = \frac{1}{P(D)}(2e^{-3t}) = 2 \times \frac{1}{(D+3)^2}(e^{-3t}) = 2 \times \frac{t^2 e^{-3t}}{2} = t^2 e^{-3t}$$

である．従って一般解は

$$y = e^{-3t}(C_1 + C_2 t) + t^2 e^{-3t} \quad (C_1, C_2 \text{ は任意定数})$$

であるので，$t = \log x$ として，

$$y = C_1 \frac{1}{x^3} + C_2 \frac{\log x}{x^3} + \frac{(\log x)^2}{x^3} \quad (C_1, C_2 \text{ は任意定数})$$

となる．

**5.8** $x = 0$ において $p_1(x) = -x$ と $p_2(x) = -2$ は解析的であるので，$x = 0$ は正則点である．解を $y = \displaystyle\sum_{n=0}^{\infty} a_n x^n$ とおき，$y' = \displaystyle\sum_{n=0}^{\infty} (n+1) a_{n+1} x^n$，

$y'' = \displaystyle\sum_{n=0}^{\infty}(n+2)(n+1)a_{n+2}x^n$ を与式に代入すると,

$$\sum_{n=0}^{\infty}(n+2)(n+1)a_{n+2}x^n - x\sum_{n=0}^{\infty}(n+1)a_{n+1}x^n - 2\sum_{n=0}^{\infty}a_n x^n$$

$$= \sum_{n=0}^{\infty}[(n+2)\{(n+1)a_{n+2}-a_n\}]x^n = 0$$

より, 漸化式

$$(n+1)a_{n+2}-a_n = 0 \quad (n=0,1,2,\dots)$$

が得られる. この漸化式は, 2 項ごとの番号で与えられているので, 偶数番目 ($n=2m$) と奇数番目 ($n=2m+1$) ($m=1,2,\dots$) に分けて得られることになる. それぞれ,

$$a_{2m} = \frac{a_{2m-2}}{2m-1} = \dots = \frac{a_0}{(2m-1)(2m-3)\cdots 1}$$

$$= \frac{1}{(2m-1)!!}a_0 \left(= \frac{2^m m!}{(2m)!}a_0\right),$$

$$a_{2m+1} = \frac{a_{2m-1}}{2m} = \dots = \frac{1}{(2m)!!}a_1 \left(= \frac{a_1}{(2m)(2m-2)\cdots 2} = \frac{1}{2^m m!}a_1\right)$$

となるが, $a_0 = 1$, $a_1 = 0$ の場合の解を $y_1 = 1 + \displaystyle\sum_{m=1}^{\infty}\frac{1}{(2m-1)!!}x^{2m}$, $a_0 = 0$,

$a_1 = 1$ の場合の解を $y_2 = x + \displaystyle\sum_{m=1}^{\infty}\frac{1}{(2m)!!}x^{2m+1}$ とおくと, $y_1$ は偶数次の項のみの

級数解であり, $y_2$ は奇数次の項のみの級数解であるので, これらは 1 次独立であり, 基本解であることがわかる. 従って一般解はこの基本解から

$$y = C_1 y_1 + C_2 y_2 \quad (C_1, C_2 \text{ は任意定数})$$

となる.

**5.9** 与式を変形して, $x^2 y'' - x\left(\dfrac{x-3}{2}\right)y' - \left(\dfrac{2x+1}{2}\right)y = 0$ とすると,

$b_1(x) = -\dfrac{x-3}{2}$, $b_2(x) = -\dfrac{2x+1}{2}$ の場合であるので, $x=0$ において解析的で

あり $x=0$ は確定特異点である. 解を $y = x^\rho \displaystyle\sum_{n=0}^{\infty}a_n x^n$ とおくと,

$$y'(x) = \sum_{n=0}^{\infty}(\rho+n)a_n x^{\rho+n-1}, \quad y''(x) = \sum_{n=0}^{\infty}(\rho+n)(\rho+n-1)a_n x^{\rho+n-2}$$

より，与式に代入すると，

$$2x^2 \sum_{n=0}^{\infty} (\rho+n)(\rho+n-1)a_n x^{\rho+n-2} - (x^2-3x) \sum_{n=0}^{\infty} (\rho+n)a_n x^{\rho+n-1}$$

$$- (2x+1) \sum_{n=0}^{\infty} a_n x^{\rho+n}$$

$$= \{2\rho(\rho-1)+3\rho-1\}a_0 x^{\rho}$$

$$+ \sum_{n=0}^{\infty} [(\rho+n+2)\{(2\rho+2n+1)a_{n+1}-a_n\}]x^{\rho+n+1} = 0$$

が得られる．$a_0 \neq 0$ より，決定方程式 $2\rho(\rho-1)+3\rho-1=0$ の解は $-1$ と $\dfrac{1}{2}$ である．

$$(\rho+n+2)\{(2\rho+2n+1)a_{n+1}-a_n\} = 0$$

において，$\rho+n+2 \neq 0$ $(n \geq 0)$ であるので，漸化式は

$$(2\rho+2n+1)a_{n+1}-a_n = 0$$

となる．これをそれぞれの $\rho$ について解く．

$\rho=-1$ のときの漸化式は，$a_{n+1} = \dfrac{1}{2n-1}a_n$ であるから，$a_1 = -a_0$，

$a_2 = a_1 = -a_0$, $a_n = -\dfrac{1}{(2n-3)!!}a_0$ $(n \geq 2)$ となるので，解は $a_0 = 1$ として，

$$y_1(x) = x^{-1}\left\{1-x-\sum_{n=2}^{\infty} \frac{1}{(2n-3)!!}x^n\right\}$$

となる．

$\rho=\dfrac{1}{2}$ のときの漸化式は，$a_{n+1} = \dfrac{1}{2(n+1)}a_n$ であるから，$a_n = \dfrac{1}{2^n n!}a_0$ $(n \geq 1)$

となるので，解は $a_0 = 1$ として，

$$y_2(x) = x^{\frac{1}{2}} \sum_{n=0}^{\infty} \frac{1}{2^n n!}x^n = \sqrt{x} \sum_{n=0}^{\infty} \frac{1}{2^n n!}x^n \ \left(=\sqrt{x}\,e^{\frac{x}{2}}\right)$$

となる．

$y_1$ と $y_2$ は1次独立であり，基本解であることがわかる．従って一般解はこの基本解から

$$y = C_1 y_1 + C_2 y_2 \quad (C_1, C_2 \text{ は任意定数})$$

となる．

## ■ 第6章

**6.1** 行列 $A = \begin{pmatrix} -5 & 2 \\ 2 & -2 \end{pmatrix}$ の固有値とそれに対する固有ベクトルを求める. 固有方程式は

$$\begin{vmatrix} -5-\lambda & 2 \\ 2 & -2-\lambda \end{vmatrix} = (\lambda+1)(\lambda+6) = 0$$

であるので, 固有値は $-1$ と $-6$ である. それぞれの固有値に対する固有ベクトルを求める.

(i) 固有値 $\lambda = -1$ のとき

固有ベクトルを $\boldsymbol{p}_1 = \begin{pmatrix} p_{11} \\ p_{21} \end{pmatrix}$ とおき, 同次連立1次方程式 $(A+E)\boldsymbol{p}_1 = \boldsymbol{0}$ を掃き出し法で解く.

$$\begin{pmatrix} -4 & 2 \\ 2 & -1 \end{pmatrix} \rightarrow \begin{pmatrix} 1 & -\frac{1}{2} \\ 2 & -1 \end{pmatrix} \rightarrow \begin{pmatrix} 1 & -\frac{1}{2} \\ 0 & 0 \end{pmatrix}$$

より, $p_{11} - \frac{1}{2}p_{21} = 0$ が得られるので, 固有ベクトルとして $\boldsymbol{p}_1 = \begin{pmatrix} 1 \\ 2 \end{pmatrix}$ ととれる.

(ii) 固有値 $\lambda = -6$ のとき

固有ベクトルを $\boldsymbol{p}_2 = \begin{pmatrix} p_{12} \\ p_{22} \end{pmatrix}$ とおき, 同次連立1次方程式 $(A+6E)\boldsymbol{p}_2 = \boldsymbol{0}$ を掃き出し法で解く.

$$\begin{pmatrix} 1 & 2 \\ 2 & 4 \end{pmatrix} \rightarrow \begin{pmatrix} 1 & 2 \\ 0 & 0 \end{pmatrix}$$

より, $p_{12} + 2p_{22} = 0$ が得られるので, 固有ベクトルとして $\boldsymbol{p}_2 = \begin{pmatrix} 2 \\ -1 \end{pmatrix}$ ととれる.

以上から, 基本解は

$$\tilde{\boldsymbol{y}}_1 = e^{-x}\begin{pmatrix} 1 \\ 2 \end{pmatrix}, \quad \tilde{\boldsymbol{y}}_2 = e^{-6x}\begin{pmatrix} 2 \\ -1 \end{pmatrix}$$

であり, 一般解は

$$\begin{pmatrix} y_1 \\ y_2 \end{pmatrix} = C_1\tilde{\boldsymbol{y}}_1 + C_2\tilde{\boldsymbol{y}}_2 = \begin{pmatrix} C_1e^{-x} + 2C_2e^{-6x} \\ 2C_1e^{-x} - C_2e^{-6x} \end{pmatrix} \quad (C_1, C_2 \text{ は任意定数})$$

である.

**6.2** 行列 $A = \begin{pmatrix} -2 & -1 \\ 1 & 0 \end{pmatrix}$ の固有値を求める. 固有方程式は

$$\begin{vmatrix} -2 - \lambda & -1 \\ 1 & -\lambda \end{vmatrix} = (\lambda + 1)^2 = 0$$

であるので, 固有値は $-1$ (重解) である. 固有値 $-1$ に対する固有ベクトルを求める.

固有値 $\lambda = -1$ に対する固有ベクトルを $\boldsymbol{p}_1 = \begin{pmatrix} p_{11} \\ p_{21} \end{pmatrix}$ とおき, 同次連立1次方程式 $(A + E)\boldsymbol{p}_1 = \boldsymbol{0}$ を掃き出し法で解く.

$$\begin{pmatrix} -1 & -1 \\ 1 & 1 \end{pmatrix} \rightarrow \begin{pmatrix} 1 & 1 \\ 1 & 1 \end{pmatrix} \rightarrow \begin{pmatrix} 1 & 1 \\ 0 & 0 \end{pmatrix}$$

より, $p_{11} + p_{21} = 0$ が得られるので, 固有ベクトルとして $\boldsymbol{p}_1 = \begin{pmatrix} -1 \\ 1 \end{pmatrix}$ ととれる.

次に $\boldsymbol{p}_2 = \begin{pmatrix} p_{12} \\ p_{22} \end{pmatrix}$ とおき, 非同次連立1次方程式 $(A + E)\boldsymbol{p}_2 = \boldsymbol{p}_1$ を掃き出し法で解く.

$$\begin{pmatrix} -1 & -1 & | & -1 \\ 1 & 1 & | & 1 \end{pmatrix} \rightarrow \begin{pmatrix} 1 & 1 & | & 1 \\ 1 & 1 & | & 1 \end{pmatrix} \rightarrow \begin{pmatrix} 1 & 1 & | & 1 \\ 0 & 0 & | & 0 \end{pmatrix}$$

より, $p_{12} + p_{22} = 1$ が得られるので, $\boldsymbol{p}_2 = \begin{pmatrix} 1 \\ 0 \end{pmatrix}$ ととれる.

以上から, 基本解は

$$\tilde{\boldsymbol{y}}_1 = e^{-x} \begin{pmatrix} -1 \\ 1 \end{pmatrix}, \quad \tilde{\boldsymbol{y}}_2 = e^{-x} \left\{ x \begin{pmatrix} -1 \\ 1 \end{pmatrix} + \begin{pmatrix} 1 \\ 0 \end{pmatrix} \right\}$$

であり, 従って一般解は

$$\begin{pmatrix} y_1 \\ y_2 \end{pmatrix} = C_1 \tilde{\boldsymbol{y}}_1 + C_2 \tilde{\boldsymbol{y}}_2 = e^{-x} \begin{pmatrix} -C_1 + C_2(-x + 1) \\ C_1 + C_2 x \end{pmatrix} \quad (C_1, C_2 \text{ は任意定数})$$

である.

**6.3** 行列 $A = \begin{pmatrix} -1 & 3 \\ -3 & -1 \end{pmatrix}$ の固有値とそれに対する固有ベクトルを求める. 固有方程式は

$$\begin{vmatrix} -1 - \lambda & 3 \\ -3 & -1 - \lambda \end{vmatrix} = \{\lambda - (-1 + 3i)\}\{\lambda - (-1 - 3i)\} = 0$$

であるので, 固有値は $-1 \pm 3i$ である. $-1 + 3i$ の固有値に対する固有ベクトルは,

固有ベクトルを $\boldsymbol{p}_1 = \begin{pmatrix} p_{11} \\ p_{21} \end{pmatrix}$ とおき，同次連立 1 次方程式

$$\{A - (-1 + 3i)E\}\boldsymbol{p}_1 = \boldsymbol{0}$$

を掃き出し法で解く．

$$\begin{pmatrix} -3i & 3 \\ -3 & -3i \end{pmatrix} \rightarrow \begin{pmatrix} 1 & i \\ -3 & -3i \end{pmatrix} \rightarrow \begin{pmatrix} 1 & i \\ 0 & 0 \end{pmatrix}$$

より，$p_{11} + ip_{21} = 0$ が得られるので，固有ベクトルとして

$$\boldsymbol{p}_1 = \begin{pmatrix} 1 \\ i \end{pmatrix} = \begin{pmatrix} 1 \\ 0 \end{pmatrix} + i\begin{pmatrix} 0 \\ 1 \end{pmatrix} = \boldsymbol{r} + i\boldsymbol{s}$$

ととれる．

以上から，基本解は

$$\tilde{\boldsymbol{y}}_1 = e^{-x}\left\{\cos 3x \begin{pmatrix} 1 \\ 0 \end{pmatrix} - \sin 3x \begin{pmatrix} 0 \\ 1 \end{pmatrix}\right\} = e^{-x}\begin{pmatrix} \cos 3x \\ -\sin 3x \end{pmatrix},$$

$$\tilde{\boldsymbol{y}}_2 = e^{-x}\left\{\cos 3x \begin{pmatrix} 0 \\ 1 \end{pmatrix} + \sin 3x \begin{pmatrix} 1 \\ 0 \end{pmatrix}\right\} = e^{-x}\begin{pmatrix} \sin 3x \\ \cos 3x \end{pmatrix}$$

であり，従って一般解は

$$\begin{pmatrix} y_1 \\ y_2 \end{pmatrix} = C_1\tilde{\boldsymbol{y}}_1 + C_2\tilde{\boldsymbol{y}}_2 = e^{-x}\begin{pmatrix} C_1\cos 3x + C_2\sin 3x \\ -C_1\sin 3x + C_2\cos 3x \end{pmatrix}$$

$$(C_1,\ C_2\ \text{は任意定数})$$

である．

**6.4** 第 1 式の両辺に $D - 2$ を作用させた式と第 2 式の両辺に $-1$ をかけた式を辺々加えると，

$$\{(D-2)(D+2)+5\}y_1 = (D-2)(2e^x)$$

より，$y_1'' + y_1 = -2e^x$ が得られる．同次方程式の特性方程式は

$$\lambda^2 + 1 = (\lambda + i)(\lambda - i) = 0$$

となるので，解は $\pm i$ である．従って余関数は

$$C_1\cos x + C_2\sin x \quad (C_1,\ C_2\ \text{は任意定数})$$

である．$P(D) = D^2 + 1$ とすると，非同次項 $ke^{\alpha x}$ において $k = -2,\ \alpha = 1$ の場合であるので，

$$P(1) = (1)^2 + 1 = 2 \neq 0$$

である．よって特殊解 $y_{10}$ は

$$y_{10} = \frac{1}{P(D)}(-2e^x) = (-2) \times \frac{1}{P(1)}e^x = -e^x$$

であり，従って一般解は

$$y_1 = C_1 \cos x + C_2 \sin x - e^x \quad (C_1, C_2 \text{ は任意定数})$$

である．これを与式の第 1 式に代入して，

$$y_2 = C_1(-2\cos x + \sin x) + C_2(-\cos x - 2\sin x) + 5e^x \quad (C_1, C_2 \text{ は任意定数})$$

である．

**6.5**  行列 $A = \begin{pmatrix} -2 & -4 \\ 1 & 2 \end{pmatrix}$ の固有値とそれに対する固有ベクトルを求める．固有方程式は

$$\begin{vmatrix} -2-\lambda & -4 \\ 1 & 2-\lambda \end{vmatrix} = \lambda^2 = 0$$

であるので，固有値は 0（重解）である．固有値 0 に対する固有ベクトルを求める．

固有値 $\lambda = 0$ に対する固有ベクトルを $\boldsymbol{p}_1 = \begin{pmatrix} p_{11} \\ p_{21} \end{pmatrix}$ とおき，同次連立 1 次方程式 $(A + 0E)\boldsymbol{p}_1 = \boldsymbol{0}$ を掃き出し法で解く．

$$\begin{pmatrix} -2 & -4 \\ 1 & 2 \end{pmatrix} \rightarrow \begin{pmatrix} 1 & 2 \\ 1 & 2 \end{pmatrix} \rightarrow \begin{pmatrix} 1 & 2 \\ 0 & 0 \end{pmatrix}$$

より，$p_{11} + 2p_{21} = 0$ が得られるので，固有ベクトルとして $\boldsymbol{p}_1 = \begin{pmatrix} -2 \\ 1 \end{pmatrix}$ ととれる．

次に $\boldsymbol{p}_2 = \begin{pmatrix} p_{12} \\ p_{22} \end{pmatrix}$ とおき，非同次連立 1 次方程式 $(A + 0E)\boldsymbol{p}_2 = \boldsymbol{p}_1$ を掃き出し法で解く．

$$\begin{pmatrix} -2 & -4 & | & -2 \\ 1 & 2 & | & 1 \end{pmatrix} \rightarrow \begin{pmatrix} 1 & 2 & | & 1 \\ 1 & 2 & | & 1 \end{pmatrix} \rightarrow \begin{pmatrix} 1 & 2 & | & 1 \\ 0 & 0 & | & 0 \end{pmatrix}$$

より，$p_{12} + 2p_{22} = 1$ が得られるので，$\boldsymbol{p}_2 = \begin{pmatrix} 1 \\ 0 \end{pmatrix}$ ととれる．

以上から，基本解は

$$\tilde{\boldsymbol{y}}_1 = \begin{pmatrix} -2 \\ 1 \end{pmatrix}, \quad \tilde{\boldsymbol{y}}_2 = \left\{ x\begin{pmatrix} -2 \\ 1 \end{pmatrix} + \begin{pmatrix} 1 \\ 0 \end{pmatrix} \right\} = \begin{pmatrix} -2x+1 \\ x \end{pmatrix}$$

である．

$$\tilde{Y}(x) = (\,\tilde{\boldsymbol{y}}_1 \quad \tilde{\boldsymbol{y}}_2\,) = \left( \begin{pmatrix} -2 \\ 1 \end{pmatrix} \quad \begin{pmatrix} -2x+1 \\ x \end{pmatrix} \right) = \begin{pmatrix} -2 & -2x+1 \\ 1 & x \end{pmatrix}$$

とおき，非同次項 $\boldsymbol{Q}(x) = \begin{pmatrix} \cos x \\ \sin x \end{pmatrix}$ とすると

$$\tilde{Y}^{-1}(x)\boldsymbol{Q}(x) = \begin{pmatrix} -x & -2x+1 \\ 1 & 2 \end{pmatrix}\begin{pmatrix} \cos x \\ \sin x \end{pmatrix}$$

$$= \begin{pmatrix} -x\cos x - 2x\sin x + \sin x \\ \cos x + 2\sin x \end{pmatrix}$$

であるので，

$$\int \tilde{Y}^{-1}(x)\boldsymbol{Q}(x) = \begin{pmatrix} \displaystyle\int (-x\cos x - 2x\sin x + \sin x)\,dx \\ \displaystyle\int (\cos x + 2\sin x)\,dx \end{pmatrix}$$

$$= \begin{pmatrix} -2\cos x + 2x\cos x - 2\sin x - x\sin x \\ -2\cos x + \sin x \end{pmatrix}$$

である．従って一般解は

$$\boldsymbol{y} = \begin{pmatrix} -2 & -2x+1 \\ 1 & x \end{pmatrix}\begin{pmatrix} C_1 \\ C_2 \end{pmatrix}$$

$$+ \begin{pmatrix} -2 & -2x+1 \\ 1 & x \end{pmatrix}\begin{pmatrix} -2\cos x + 2x\cos x - 2\sin x - x\sin x \\ -2\cos x + \sin x \end{pmatrix}$$

$$= \begin{pmatrix} -2C_1 + C_2(-2x+1) \\ C_1 + xC_2 \end{pmatrix} + \begin{pmatrix} 2\cos x + 5\sin x \\ -2\cos x - 2\sin x \end{pmatrix}$$

$$(C_1, C_2 \text{ は任意定数})$$

である．

**6.6** 与式の右辺をそれぞれ

$$f_1(y_1, y_2) = 2y_2 - y_1 y_2, \quad f_2(y_1, y_2) = y_1 - y_2 + y_2^2$$

とすると，$f_1(0,0) = f_2(0,0) = 0$ より原点は平衡点である．

右辺を原点のまわりでテイラー展開すると，

$$\frac{\partial f_1}{\partial y_1} = -y_2, \quad \frac{\partial f_1}{\partial y_2} = 2 - y_1,$$

$$\frac{\partial f_2}{\partial y_1} = 1, \quad \frac{\partial f_2}{\partial y_2} = -1 + 2y_2$$

であるから，これらに $y_1 = y_2 = 0$ を代入すると，線形近似した式は

$$\frac{d\hat{\boldsymbol{y}}}{dx} = \begin{pmatrix} 0 & 2 \\ 1 & -1 \end{pmatrix} \hat{\boldsymbol{y}}$$

となる．行列 $A = \begin{pmatrix} 0 & 2 \\ 1 & -1 \end{pmatrix}$ の固有値とそれに対する固有ベクトルを求める．固有方程式は

$$\begin{vmatrix} -\lambda & 2 \\ 1 & -1-\lambda \end{vmatrix} = (\lambda+2)(\lambda-1) = 0$$

であるので，固有値は $-2$ と $1$ である．従って固有値が符号が異なる $2$ つの実数の場合であるので，原点は不安定の鞍点である．

次に原点近傍の解軌道を図示するために，それぞれの固有値に対する固有ベクトルを求める．

(i) 固有値 $\lambda = -2$ のとき

固有ベクトルを $\boldsymbol{p}_1 = \begin{pmatrix} p_{11} \\ p_{21} \end{pmatrix}$ とおき，同次連立 $1$ 次方程式 $(A+2E)\boldsymbol{p}_1 = \boldsymbol{0}$ を掃き出し法で解く．

$$\begin{pmatrix} 2 & 2 \\ 1 & 1 \end{pmatrix} \rightarrow \begin{pmatrix} 1 & 1 \\ 1 & 1 \end{pmatrix} \rightarrow \begin{pmatrix} 1 & 1 \\ 0 & 0 \end{pmatrix}$$

より，$p_{11} + p_{21} = 0$ が得られるので，固有ベクトルとして $\boldsymbol{p}_1 = \begin{pmatrix} -1 \\ 1 \end{pmatrix}$ ととれる．

(ii) 固有値 $\lambda = 1$ のとき

固有ベクトルを $\boldsymbol{p}_2 = \begin{pmatrix} p_{12} \\ p_{22} \end{pmatrix}$ とおき，同次連立 $1$ 次方程式 $(A-E)\boldsymbol{p}_2 = \boldsymbol{0}$ を掃き出し法で解く．

$$\begin{pmatrix} -1 & 2 \\ 1 & -2 \end{pmatrix} \rightarrow \begin{pmatrix} 1 & -2 \\ 1 & -2 \end{pmatrix} \rightarrow \begin{pmatrix} 1 & -2 \\ 0 & 0 \end{pmatrix}$$

より，$p_{12} - 2p_{22} = 0$ が得られるので，固有ベクトルとして $\boldsymbol{p}_2 = \begin{pmatrix} 2 \\ 1 \end{pmatrix}$ ととれる．

以上から，基本解は

$$\hat{\boldsymbol{y}}_1 = e^{-2x} \begin{pmatrix} -1 \\ 1 \end{pmatrix},$$

$$\hat{\boldsymbol{y}}_2 = e^{x} \begin{pmatrix} 2 \\ 1 \end{pmatrix}$$

であり，従って一般解は

$$\begin{pmatrix} \hat{y}_1 \\ \hat{y}_2 \end{pmatrix} = C_1 \hat{\boldsymbol{y}}_1 + C_2 \hat{\boldsymbol{y}}_2$$

$$= \begin{pmatrix} -C_1 e^{-2x} + 2C_2 e^x \\ C_1 e^{-2x} + C_2 e^x \end{pmatrix} \quad (C_1,\, C_2 \text{ は任意定数})$$

である．従って，原点近傍の解軌道は下図のようになる．

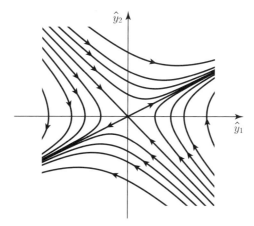

チェック問題 6.6 の鞍点（不安定）

# 参 考 文 献

　本書を執筆するにあたって参考にさせて頂いた本，および実際の講義で使用させて頂いた教科書を以下に列挙する．常微分方程式関係の書籍は膨大な数にのぼり，すべての書籍を調べることは不可能である．ここで紹介するのは，過去に講義の教科書として利用したり，あるいはその際に参考にしたものであり，比較的古いものが多い．従って最近出版されたものは少ないし，これら以外にもよい本は多数ある．それらを挙げていないのは情報として不十分であるが，長い時間が経過してもよい本は残っており，その意味では一つの参考にはなると思う．読者諸氏が求めている教科書は，内容のレベルや興味によって千差万別であるので，それぞれの目的に従って参考にして頂きたい．

[1] ポントリャーギン（千葉克裕訳），常微分方程式，共立出版，1968.

[2] L. コラッツ（芹沢正三訳），コラッツ 微分方程式，サイエンス社，1976.

[3] E. クライツィグ（北原和夫訳），常微分方程式（原書第5版），培風館，1987.

[4] K. マイベルク，P. ファヘンアウア（及川正行訳），工科系の数学5 常微分方程式，サイエンス社，1997.

　　[1]～[4] は海外で出版されたもので，古典として有名なものから現在でも教科書として多くの講義で使用されているものである．特に [3] は，微分方程式だけでなくその他の分野も含めたシリーズとして広く使用されている教科書であり，物理系や工学系との関連説明も多く，入門書としては最適なものであろう．

[5] 田代喜宏，常微分方程式要論，森北出版，1982.

[6] 藤本淳夫，常微分方程式，裳華房，1985.

[7] 矢嶋信男，常微分方程式，岩波書店，1989.

[8] 辻岡邦夫，常微分方程式，朝倉書店，1989.

[9] 長瀬道弘，微分方程式，裳華房，1993.

[10] 河村哲也，ナビゲーション 微分方程式，サイエンス社，2007.

[11] 宇佐美広介・齋藤保久・原下秀士・眞仲裕子・和田出秀光，理工系 微分方程式，培風館，2017.

　　これらはどれも初学者向けの教科書としてよく書かれているものである．理工系の学生にとって教科書に要求されるのは，微分積分学を学んだ後に微分方程式の考え方を理解していく上での適切な難易度と，また具体的な問題の豊富さである．読者がス

ムーズに全般を理解でき，また手を動かして問題を解くことによって力をつけること
ができる良書であろう．

[12] 田辺行人・藤原毅夫，常微分方程式，東京大学出版会，1981.

[13] 笠原皓司，微分方程式の基礎，朝倉書店，1982.

[14] 高橋陽一郎，微分方程式入門，東京大学出版会，1988.

　これらは入門書から一歩進んだ内容であるが，工学系の学生にもより理解を深め，
発展的に勉強を進めていく上でよい参考書となろう．

[15] 三井斌友，小藤俊幸，常微分方程式の解法，共立出版，2000.

[16] 石村直之，パワーアップ微分方程式，共立出版，2001.

　数値解析や力学系に関する良書は数多くあるが，[15] は数値解析に，[16] は力学系
に重点をおいており，今後計算機を利用して複雑系の解析などを行うことに興味を
持っている学生にとっては，その基礎を学ぶ上でよい参考書となろう．

[17] 加藤義夫・三宅正武，微分方程式演習［新訂版］，サイエンス社，2003.

　最後に演習書を 1 冊紹介しておこう．[17] は，問題量，解答の記述の豊富さを含め
ても演習書として適切であり，より深く問題を解く力をつけたいという学生には最適
であろう．

# 索　引

著者略歴

# 畑上 到 (はたうえ いたる)

1984 年　京都大学大学院工学研究科修士課程修了
1984 年　旭化成工業株式会社，計算流体力学研究所を経て
1987 年　東京大学工学部助手
1990 年　京都大学大学院工学研究科助手
1992 年　熊本大学工学部講師，助教授を経て
2003 年　金沢大学工学部教授
2018 年　東京都市大学共通教育部教授
現　在　東京都市大学共通教育部客員教授　工学博士

主要著書

数値流体力学（分担執筆，東京大学出版会，1991）
応用数学ハンドブック（分担執筆，丸善，2005）
工学基礎 フーリエ解析とその応用［新訂版］
　（数理工学社，2014）

新・数理/工学ライブラリ［理工基礎数学］＝3

## ステップ&チェック 微分方程式

2021 年 11 月 10 日Ⓒ　　　　　　初 版 発 行

著　者　畑上　到　　　　　発行者　矢沢和俊
　　　　　　　　　　　　　印刷者　大道成則

【発行】　株式会社 数 理 工 学 社

〒151-0051　東京都渋谷区千駄ヶ谷 1 丁目 3 番 25 号
編集　☎ (03)5474–8661（代）　　サイエンスビル

【発売】　株式会社 サ イ エ ン ス 社

〒151-0051　東京都渋谷区千駄ヶ谷 1 丁目 3 番 25 号
営業　☎ (03)5474–8500（代）　振替 00170–7–2387
FAX　☎ (03)5474–8900

印刷・製本　　（株）太洋社

《検印省略》

ISBN978–4–86481–080–7

PRINTED IN JAPAN

サイエンス社・数理工学社の
ホームページのご案内
https://www.saiensu.co.jp
ご意見・ご要望は
suuri@saiensu.co.jp　まで．